はじめに

建設業における労働災害は、「墜落・転落」「倒壊・崩壊」「重機・クレーン災害」が三大災害といわれ、重点的に管理が行われております。一方で、仮設電気に関わる災害も、感電等にみられるようにひとたび発生すると重大災害に至るケースも多く、現場での安全管理の課題となっております。

一般的に、作業所に配属される建築技術者、土木技術者は、電気に関する専門知識を十分に持ち合わせておらず、専門工事会社に管理を任せてしまうケースが多いのではないでしょうか。これまで作業所、支店に配属されていた機電関係の職員の数も徐々に少なくなり、現場の統括管理も電気に関しては手薄になりつつあると言っても過言ではありません。

本書は、作業所の安全管理を進める上で課題となっている仮設電気の知識について、特定元方事業者が行う統括管理に必要と思われる項目を絞り込み、図表を多用してわかりやすく解説したものです。

日常管理を進める上でのチェックや、職員・作業員に対する教育の資料として活用していただければ幸いです。

関係法令・規則

電　　技：電気設備技術基準（電気設備に関する技術基準を定める省令）

電技解釈：電気設備技術基準の解釈

電気施則：電気事業法施行規則

安 衛 則：労働安全衛生規則

粉じん則：粉じん障害防止規則

目　次

1 工事用電気の種類

1.1　電圧の種別

（1）電気には「直流」「交流」があり、電圧の高さによって「低圧」「高圧」「特別高圧」に分類される。

	直　　流	交　　流
低圧	750V 以下	600V 以下
高圧	750V を超え 7,000V 以下	600V を超え 7,000V 以下
特別高圧	7,000V を超えるもの	

（2）現場で使用する電圧

公称電圧	電気・電動器具
交流低圧 100V	電灯、小型電動工具類
交流低圧 200V ～ 400V	動力、交流電気溶接機、クレーン、シールド機械等
交流高圧 3,000V	高圧モーター（コンプレッサー、大型ポンプ等）

電流が人体に及ぼす影響

電流値	人体に及ぼす影響	備考
1 mA	ビリッと感じる	感知電流
5 mA	相当痛い	不随離脱電流
10mA	耐えられないほどビリビリくる	
20mA	筋肉が硬直し、呼吸困難になる	
50mA	短時間でも生命が危険	心室細動電流
100mA	致命的な障害を起こす	

電圧が人体に及ぼす影響

電圧（ボルト）	人体に及ぼす影響
20	濡れた手で安全な限界
30	乾いた手で安全な限界
50	生命に危険の無い限界
100 ～ 200	危険度が急激に増大
200 以上	生命に危険がある
～ 3,000	加圧部に引きつけられる
10kV 以上	跳ね飛ばされる。まれに助かることがある。

2 移動・架空電線

2.1 低圧設備

低圧設備は、低圧（使用電圧 100V、200V または 400V）の電路、分電盤および動力・電灯の負荷設備をいい、作業員が直接取り扱う場合が多いので、感電による危険を防止するための施工計画、工事管理、取扱いおよび点検等には十分な配慮が必要である（ただし、通信用等で 30V 未満の設備は除く）。

2.2 低圧移動電線

低圧移動電線は、さまざまな状況で使用され、取扱いも乱雑になりやすいため、作業通路等電線に損傷を受けるおそれのある場所や常時湿潤している場所を避けて設置する。

（1）キャブタイヤケーブル〔電技 56、57、62、66 条、電技解釈 171、179 条〕

低圧移動電線には、２種以上のキャブタイヤケーブルを使用する。（断面積 0.75mm^2 以上とする。）

a．キャブタイヤケーブルは、３相用については４芯のものを、単相用については３芯のものを使用し、その１芯（緑色または緑黄色のしま模様のものを使用するか、もしくは緑色の表示をする。）を接地線として使用する。

b．キャブタイヤケーブルは、絶縁被覆の完全なものを使用する。〔安衛則 336、337 条〕

c．キャブタイヤケーブルは、通路面にころがして使用しない。やむを得ずころがし配線をする場合は、絶縁被覆を損傷しないように防護する。〔安衛則 338 条〕

防護の参考例

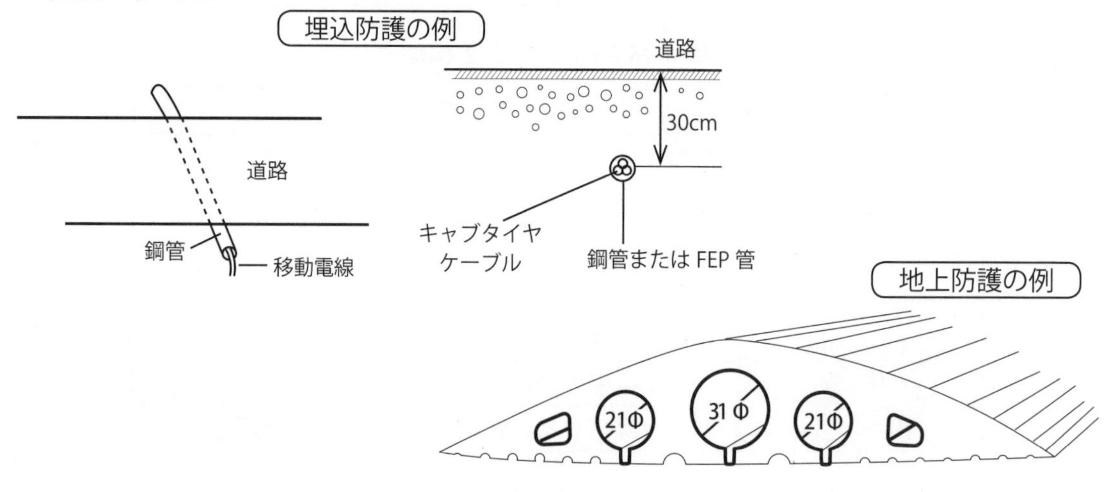

キャブタイヤケーブルの構造による分類

クラス	特　　　長	用　　途	断　面　図
2種	可とう導体、絶縁体、シースから構成される最も基本的構成のケーブルで、シースに補強層がない。	汎用的な低圧用ケーブル。屋外での使用も可能。	導　体 ゴム絶縁体 キャブタイヤシース
3種	シースの中間層に補強層が設けてあり、絶縁体、およびシースが2種より厚くなり、耐衝撃性、耐磨耗性に優れている。シース中間の補強層には、一般的には帆布が用いられるが、可とう性が必要な場合は帆布の代わりに埋め込み編組を用いることがある。	損傷を受ける恐れが多い場合に使用される。	導　体 ゴム絶縁体 キャブタイヤシース 補強層

（2）漏電遮断器 〔電技15条、電技解釈36条、安衛則333条〕

移動電線は、漏電による感電の危険を防止するため、必ず高感度高速形の漏電遮断器に接続して使用する。高感度形とは、定格感度電流値が30mA以下。高速形とは、動作時間が0.1秒以下。

漏電遮断機選定表（参考例）

	高感度高速形		中感度高速形	
	（15mA　0.1秒）	（30mA　0.1秒）	（200mA　0.1秒）	（200mA　0.3秒）
低圧移動電線	○	○		
定置式電動機械器具		○	○	
移動式電動機械器具		○		
可搬式電動機械器具	○	○		
交流アーク溶接機		○	○	
移動電灯	○	○		
固定電灯	○	○	○	

（3）絶縁

a．移動電線の絶縁抵抗値は、１MΩ以上が望ましい。

また、絶縁抵抗の測定には、絶縁抵抗計（メガー）の500V—1000M Ωのものを使用する。

使用電圧の区分による絶縁抵抗値〔電技 58 条〕

使用電圧の区分	絶縁抵抗値	規定の電圧区分
100V	0.1M Ω以上	150V 以下
200V	0.2M Ω以上	150V ～ 300V
400V	0.4M Ω以上	300V 以上

b．移動電線の接続部分は、良好な絶縁性能のあるテープなどを使用し、十分な絶縁を維持する。〔安衛則 336、337 条〕

水等で湿潤している場所に使用する場合の接続器具は、防水型、防滴型、屋外型等を使用する。

（4）接地（アース）

移動電線の専用接地線は、分電盤等の接地端子または専用の接地極に接続する。

接地工事の種類と適用〔電技 10､11 条、電技解釈 17、18、19 条〕

接地工事の種類	接地抵抗値	接地線の太さ	機械器具の区分
A 種接地工事	10 Ω以下	直径 2.6mm 以上	高圧用または特別高圧用のもの
D 種接地工事	100 Ω以下	直径 1.6mm 以上	300V 以下の低圧用のもの
C 種接地工事	10 Ω以下	直径 1.6mm 以上	300V を超える低圧用のもの

（注）B 種接地工事は、電力会社の配電線に関するものである。
D 種および C 種接地工事の接地抵抗値は、低圧電路において当該電路に動作時間 0.5 秒以内の漏電遮断機を設置するときは、500 Ω以下とすることができる。

①　機械電気器具にアースを取り付ける。ただし、二重絶縁構造の機械電気器具を使用する場合、アースは不用。

②　漏電遮断装置の使用が困難な時は、電動機械器具の金属ケースにアースを確実に施すこと。〔安衛則 333 条〕

③　移動電線の中の１芯をアース線として利用する。

④　電線とアース線とは混用しないよう区別する。

⑤　移動電線に添わせたアース線と電動機械器具の電源コンセントに接近する所の接地端子を用いてアースをとる。

⑥　接地極は十分に埋没する等、確実に大地と接続すること。

⑦　適用除外〔安衛則 334 条、電技解釈 29 条〕

a．非接地方式の電路に接続するとき

非接地方式：

２次側電圧が 300V 以下で定格容量が 3kVA 以下の絶縁変圧器を使用し、その２次側の回路の１端子を接地しない場合

b．絶縁台の上で使用するとき

c．電気用品取締法に基づき認可を受けた二重絶縁構造のものを使用するとき

⑧　外箱接地端子と漏電リレー用接地端子は、共用接地でも良い（300V 以下の低圧用の場合）。

外箱接地端子：

発電機運転中にケースに漏れた電気（漏洩電流）を接地棒を通して大地に流し、漏れ電流が人体や他の機器に影響を及ぼさないようにする。

漏電リレー用接地端子：

漏電遮断器が作動するための専用接地である。接地が施工されていない場合は、漏電遮断器は作動しないので絶対に忘れてはならない。

⑨　接地工事は、電気工事士の資格が必要を有する者が行うことが望ましい。（500kW 未満の発電機に対する接地工事は除外する。）

漏電しゃ断器の動作用接地

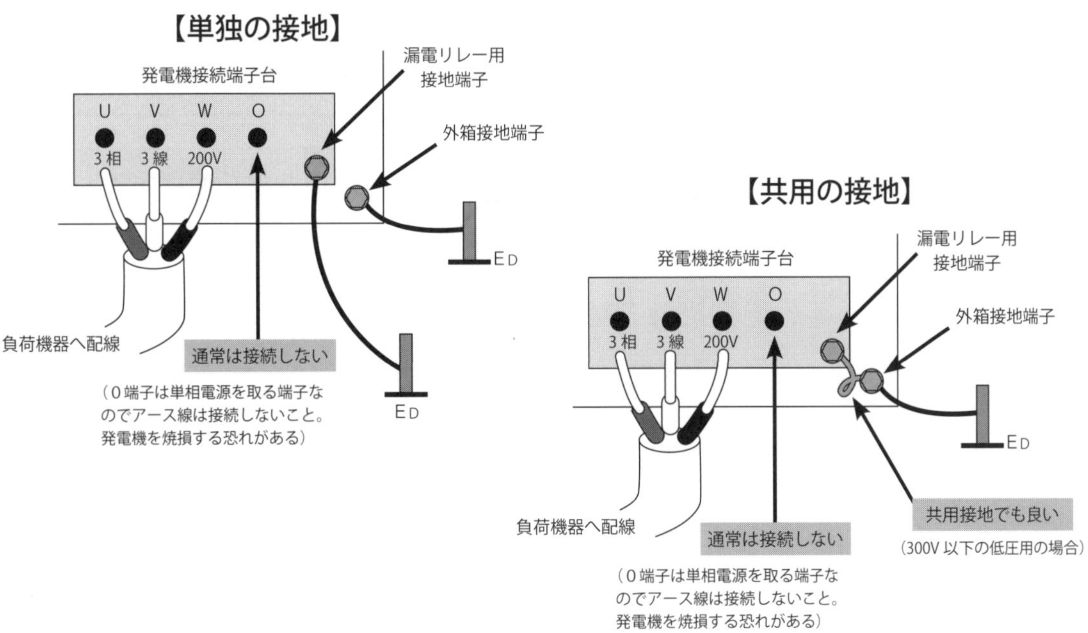

【単独の接地】

発電機接続端子台
U V W O
3相 3線 200V
漏電リレー用
接地端子
外箱接地端子
ED
負荷機器へ配線
通常は接続しない
（O 端子は単相電源を取る端子なのでアース線は接続しないこと。発電機を焼損する恐れがある）

【共用の接地】

発電機接続端子台
U V W O
3相 3線 200V
漏電リレー用
接地端子
外箱接地端子
ED
負荷機器へ配線
通常は接続しない
（O 端子は単相電源を取る端子なのでアース線は接続しないこと。発電機を焼損する恐れがある）
共用接地でも良い
（300V 以下の低圧用の場合）

2.3　低圧架空電線

低圧架空電線は、建設工事に支障のない（工事中移設しなくてよい）場所および保守点検が容易にできる場所に配線をする。

a．低圧架空配線にケーブルを使用するときは、断面積 22mm^2 以上のメッセンジャーにより吊架する。〔電技解釈 67 条〕

b．低圧架空配線に使用する電線は、ケーブルまたは絶縁電線とする。（使用電圧 400V の場合は、ケーブルとする。）〔電技解釈 65 条〕

c．低圧架空配線の地表上の高さは、十分な余裕をとる。〔電技解釈 68 条〕

低高圧架空電線の離隔距離等

施設場所他	低圧絶縁電線 低圧ケーブル	高圧絶縁電線 高圧ケーブル
道路横断	6.0 m以上	
鉄道または軌道横断	5.5m 以上	
横断歩道上	3m 以上	3.5m 以上
その他	5.0m 以上	
水面上	船舶の航行等に危険を及ぼさないこと	
氷雪の多い地方		人または車の通行等に危険を及ぼさない高さ

d．低圧架空配線に使用する電柱等は、十分な強度を持つものを使用する。〔電技解釈 59 条〕

e．低圧架空配線と建造物が接近する場合は、十分な離隔距離をとる。〔電技 28、29 条、電技解釈 71 ～ 79 条〕

低高圧架空電線と建造物等の離隔距離

単位（m）

<table>
<tr><th colspan="2" rowspan="2">施設条件</th><th colspan="2">低圧架空電線</th><th colspan="2">高圧架空電線</th></tr>
<tr><th>低圧絶縁電線</th><th>ケーブル</th><th>高圧絶縁電線</th><th>ケーブル</th></tr>
<tr><td rowspan="2">建造物の上部造営材（屋根、ひさし、物干し台その他の人が上部に乗るおそれのある造営材）</td><td>上方</td><td>2.0</td><td>1.0</td><td>2.0</td><td>1.0</td></tr>
<tr><td>側方
下方</td><td>1.2
(0.8)</td><td>0.4</td><td>1.2
(0.8)</td><td>0.4</td></tr>
<tr><td colspan="2">建造物のその他造営材</td><td>1.2
(0.8)</td><td>0.4</td><td>1.2
(0.8)</td><td>0.4</td></tr>
<tr><td colspan="2">建造物の下方</td><td>0.6</td><td>0.3</td><td>0.8</td><td>0.4</td></tr>
<tr><td rowspan="2">簡易な突出した看板</td><td>防護具に収めない場合</td><td colspan="2">0.4</td><td colspan="2">0.4</td></tr>
<tr><td>防護具に収めた場合</td><td colspan="4">接触しなければよい</td></tr>
<tr><td rowspan="2">他の工作物の上部造営材</td><td>上方</td><td>2.0</td><td>1.0</td><td>2.0</td><td>1.0</td></tr>
<tr><td>側方
下方</td><td>0.6</td><td>0.3</td><td>0.8</td><td>0.4</td></tr>
<tr><td colspan="2">上部造営材以外の工作物</td><td>0.6</td><td>0.3</td><td>0.8</td><td>0.4</td></tr>
<tr><td rowspan="2">植　物</td><td>防護具に収めない場合</td><td colspan="4">接触しなければよい</td></tr>
<tr><td>防護具に収めた場合</td><td colspan="4">特になし</td></tr>
</table>

（注）（　）内は、人が容易に触れるおそれがないように施設する場合

f．低圧架空配線の支持物に設ける足場金具等の昇降設備は、地表上 1.8m 未満に施設しない。〔電技 24 条、電技解釈 53 条〕

2.4　送配電線等に近接して作業する時の留意点

(1) 作業計画書の作成

現場内周辺の送配電線類の現状を調査把握し、事前に電力会社等送配電線類の所有者に連絡し、作業日程・方法・防護措置・監視方法等打合せのうえ作業計画書を作成する。

(2) 安全な離隔距離の確保〔労働省労働基準局長通達 50.12.17 基発第 759 号〕

送電線

線路の区分	電圧	安衛則離隔距離	電力会社離隔距離	がいし数（参考）
特別高圧線	500KV 以上	10.8m（500KV）	11m 以上	20 ～ 41
	275KV 以上	6.4m（275KV）	7 m 以上	16 ～ 25
	154KV 以下	4.0m（154KV）	5 m 以上	7 ～ 21
	77KV	2.4m（77KV）	4 m 以上	5 ～ 9
	33KV	2.0m（33KV）	3 m 以上	4 以下

配電線

線路の区分	電圧	安衛則離隔距離	電力会社離隔距離
高圧線	6,000V	1.2m ※	2 m以上
低圧線	600V 以下	1.0m ※	2 m以上

（注）※絶縁防護された場合にはこの限りではない

(3) 特別高圧線近接防止用安全対策

a. 目測の誤りなどから離隔距離内にクレーンブームが進入する恐れがある場合は、行動範囲を規制するための木柵・ゲート等を設ける。

b. 係員、クレーン運転者、玉掛け者等により事前に作業手順を確認する。

c. 専任の監視責任者をおき、的確な作業指示を行わせる。

(4) 高圧線接触防止用安全対策

a. 電力会社に申し出て防護管・絶縁カバー等を取り付ける。（有償）

b. クレーン車等の車体にアースを取り付ける。

c. 吊荷だけでなくクレーンブームと電線の接近状況に注意する。

d. 係員、クレーン運転者、玉掛け者等により事前に作業手順を確認する。

参考　工事用に使用する低圧用電線の種類と用途

<table>
<tr><th>区分</th><th colspan="2">名称</th><th>記号</th><th>用途</th></tr>
<tr><td rowspan="4">絶縁電線</td><td colspan="2">600V ビニル絶縁電線</td><td>IV</td><td>軟銅線でできており、低圧用のがいし引き配線。架空配線および接地線に用いる。</td></tr>
<tr><td colspan="2">屋外用ビニル絶縁電線</td><td>OW</td><td>硬銅線でできており、屋外の低圧用架空配線に用いる。</td></tr>
<tr><td colspan="2">引込用ビニル絶縁電線</td><td>DV</td><td>屋外引込線専用</td></tr>
<tr><td colspan="2">接地用ビニル絶縁電線</td><td>GV</td><td>接地線専用</td></tr>
<tr><td rowspan="2">ケーブル</td><td colspan="2">ビニル絶縁ビニルシース
ケーブル</td><td>VVR
VVF</td><td>屋内外ケーブル配線臨時のコンクリート内埋込配線</td></tr>
<tr><td colspan="2">架橋ポリエチレン絶縁
ビニルシースケーブル</td><td>CVT</td><td>屋内外ケーブル配線</td></tr>
<tr><td rowspan="4">キャブタイヤケーブル</td><td colspan="2">ゴムキャブタイヤケーブル
（2 種～ 4 種）</td><td>CT</td><td>移動電線屋内ケーブル配線</td></tr>
<tr><td colspan="2">クロロプレン
キャブタイヤケーブル
（2 種～ 4 種）</td><td>RNCT</td><td>移動電線屋内外ケーブル配線</td></tr>
<tr><td rowspan="2">溶接用
ケーブル</td><td>帰線用</td><td>WCT</td><td rowspan="2">溶接機 2 次側配線</td></tr>
<tr><td>ホルダー用</td><td>WRCT</td></tr>
</table>

3　分　電　盤

3.1　分電盤の設置場所

分電盤は、日常の操作、非常時の緊急操作のために、下記の条件を満たした上で、取扱者が容易に操作できる場所を選んで設置しなければならない。

（1） 取扱者が容易に操作できる安定した場所

（2） 周囲の作業場所から、分電盤の所在が容易に確認できる場所

（3） 作業や通行に支障とならない場所

（4） 車両や重機等で損傷を受けない場所

（5） 扉の開閉が自由にでき、操作スペースが確保できる場所

（6） 電動機等の設置場所に近く、移動電線の施設が短い場所

（7） 周囲にガスボンベ、燃料等引火物の設置がない場所

3.2　分電盤の構造

（1） 金属製、合成樹脂製などの箱形とし、丈夫で雨水の入らない構造とする。

（2） 扉は、施錠のできる構造とする。

（3） 電線貫通穴は、ゴムブッシング等で保護し、電線の被覆を損傷しない構造とする。

（4） 接地線用端子（アース）を取り付け、分電盤の金属ケースに接続する。

（5） 幹線から分岐して施設する分電盤には、主開閉器として、引込線に見合った適正な容量の過電流遮断器（漏電遮断器・ノーヒューズブレーカー・カバー付ナイフスイッチ）を施設する。

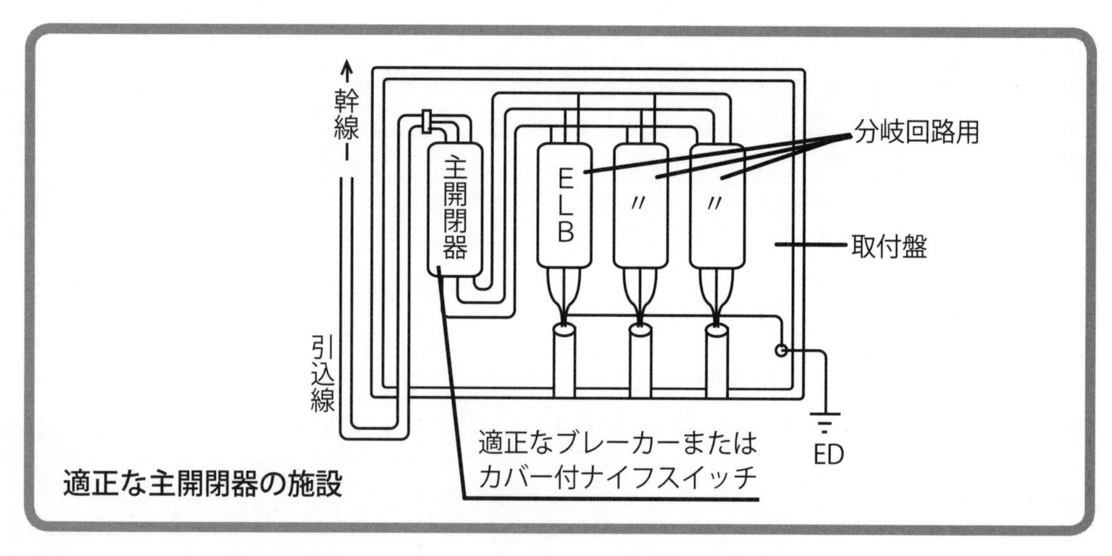

適正な主開閉器の施設

（**6**）電動機等がたこ足配線にならないよう適正な分岐開閉器を施設する。

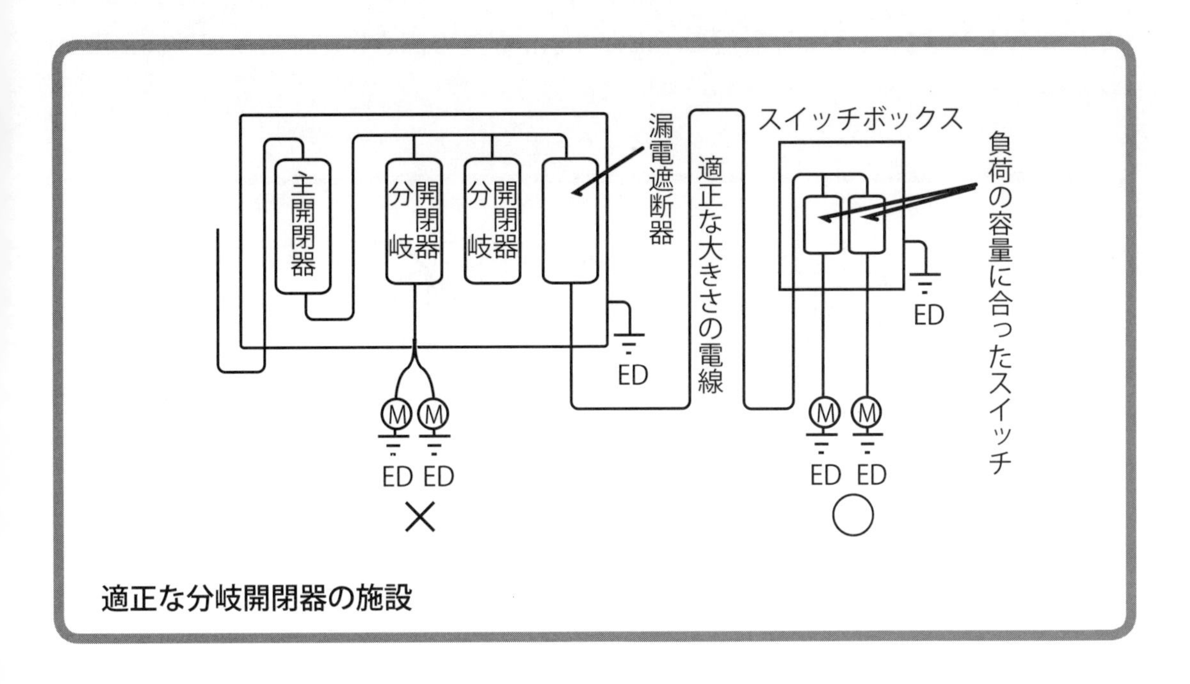

適正な分岐開閉器の施設

（**7**）分電盤にコンセントを取り付ける場合は、接地極付きのものとし、適正な分岐開閉器の負荷側に取り付ける。

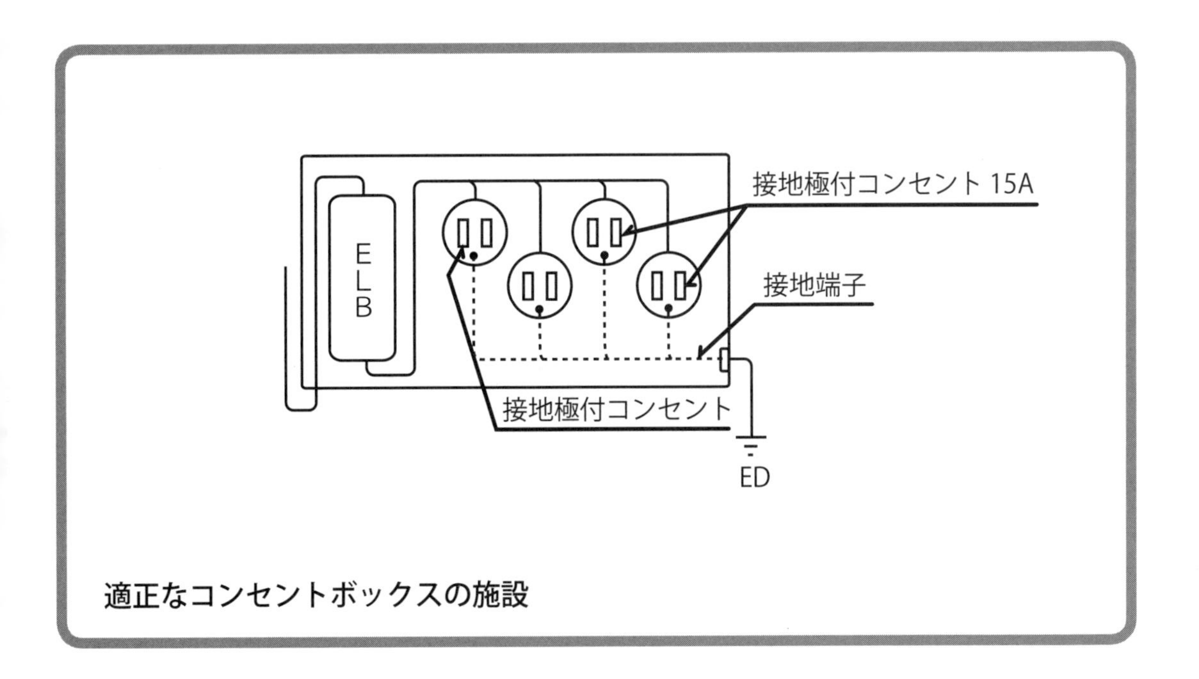

適正なコンセントボックスの施設

3．3　分電盤の設置方法（例）

（**1**）操作しやすいように分電盤の下面が 1.2m 程度の高さに、4カ所で堅固に取り付ける。

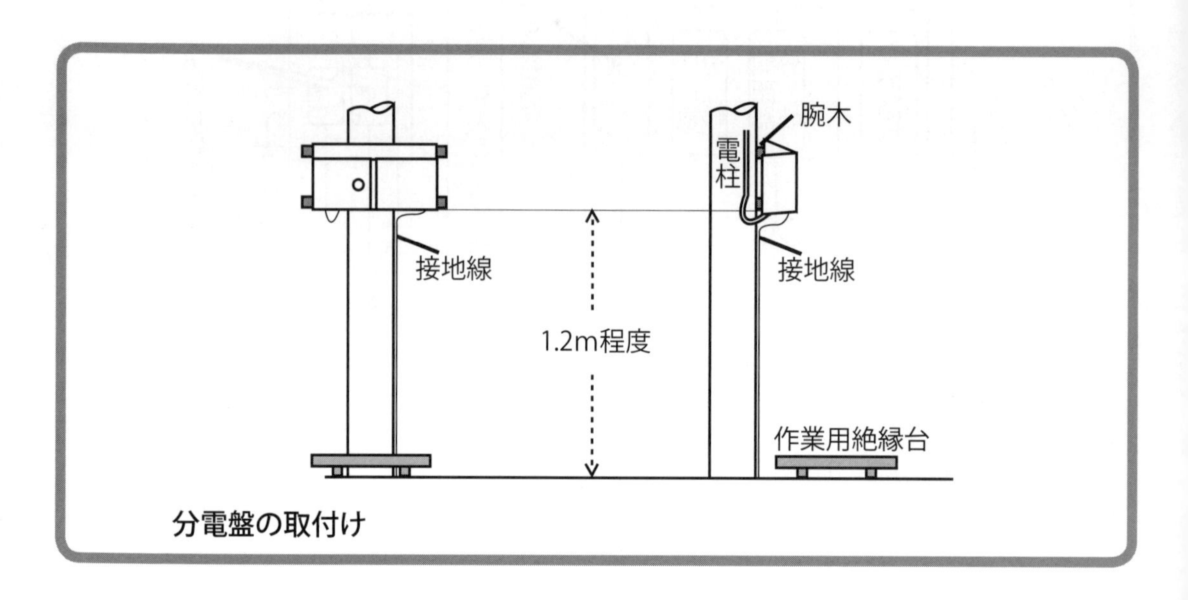

分電盤の取付け

（**2**）公道上に建柱して分電盤を設置する場合は、道路管理者および所轄警察署の許可を受けること。

設置場所は、一般の通行人や車両等の通行に支障とならない場所を選び、分電盤の下面が 2.5m 以上の高さに取り付ける。

（**3**）道路の歩道上に分電盤を設置する場合、盤最下部と路面との離隔は 2.5m 以上として、施錠する。〔道路法施行令 10 条〕

（**4**）2.5m 未満の場合は囲いを設ける。

（**5**）分電盤には、使用電圧表示、回路先表示を行う。

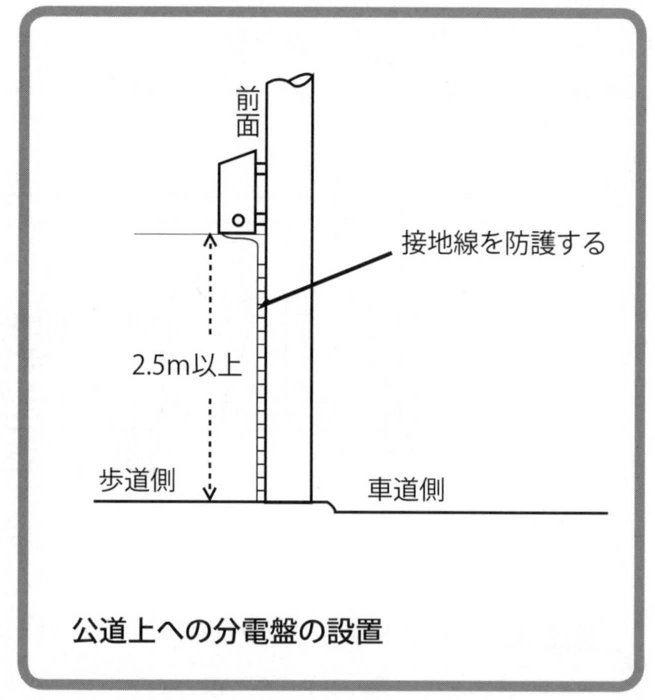

公道上への分電盤の設置

（6） 分電盤の見やすい場所に、電気取扱者の氏名および危険表示をすること。

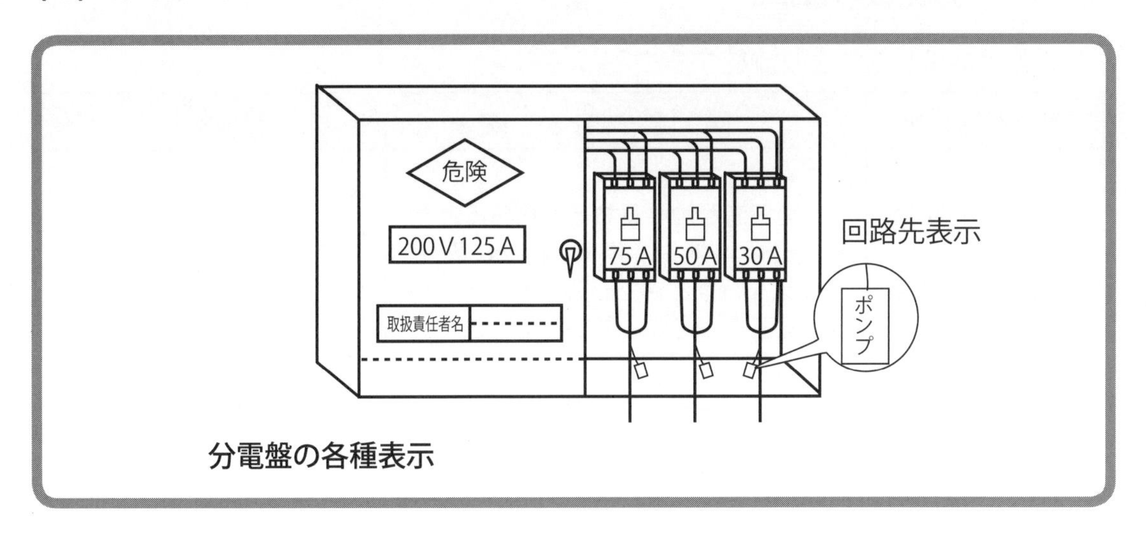

分電盤の各種表示

（7） 停電作業を行う場合は、開路に用いた開閉器に施錠、通電禁止の表示、または監視人の配置を行う。〔安衛則 339 条〕

（8） 日常使用前点検を実施し、点検記録表を工事期間中保存する。

しゃ断器分電盤（P50N3E3）

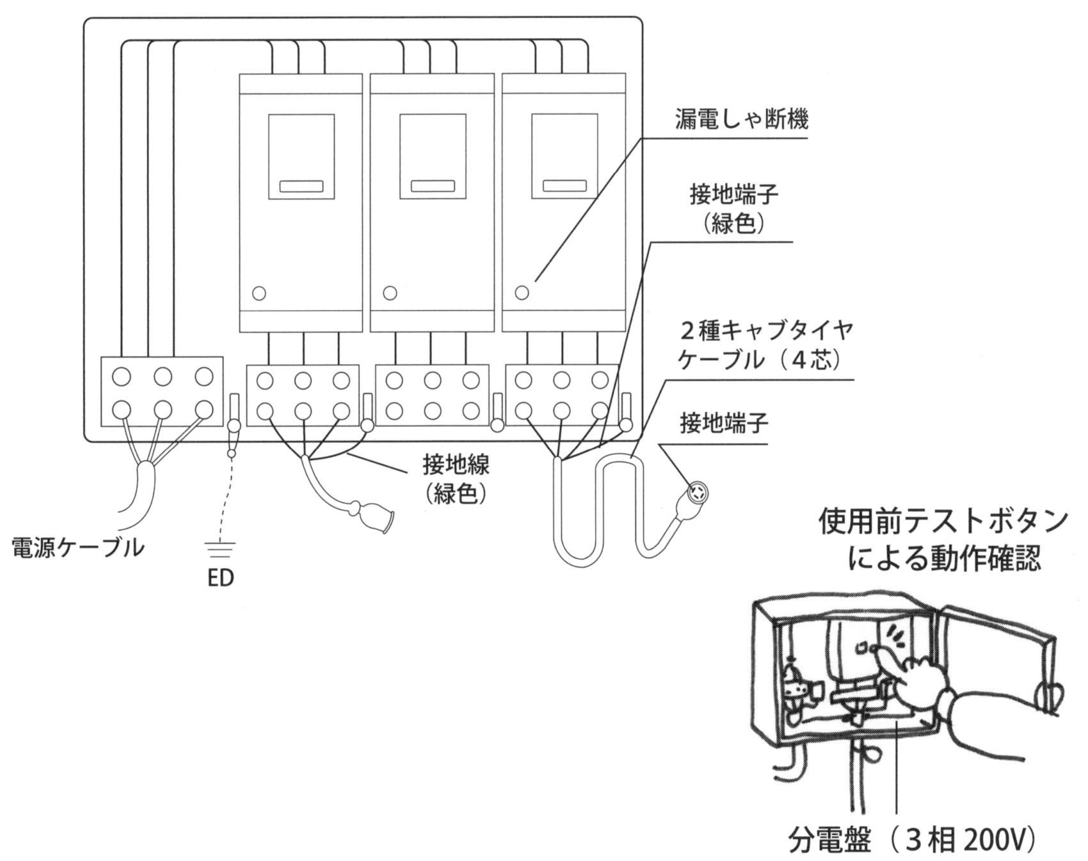

3.4　分電盤の施錠

分電盤は次の基準により施錠すること。

分電盤の種類	施錠状態	鍵保管者
幹線分岐用分電盤 ・ 負荷設備用分電盤	次の場合は施錠する。 1．第三者が触れるおそれがあるとき 2．安衛則第339条※、第350条※の作業を行うときで必要なとき 3．安全上、必要と思われるとき	・取扱責任者（電気担当者） ・作業指揮者が指名した者

※ 339条：停電作業を行う場合の措置
※ 350条：電気工事の作業を行う場合の作業指揮等

3.5　分電盤の取扱責任者

取扱責任者（正）：

元方事業者の社員で、電気に関する安全知識および経験を有する者を原則とするが、電気工事業者の場合は有資格者を任命する。

取扱責任者（副）：

有資格者であることが望ましい。

※　有資格者とは、低圧〔安衛則第36条4号〕の特別教育修了者、または電気工事士の免許所有者

取扱責任者の職務

① 分電盤類の不良箇所の有無ならびに設置状況を点検、軽微な補修をする。

② 分電盤類に関する一般作業員の使用状況を監視、指導する。

③ 電気を使用する者に対し、使用する分電盤の指示。

4 コードリール（電工ドラム）

(1) コードリールには、屋外型（防雨型）と屋内型が有り、作業環境により使い分ける。

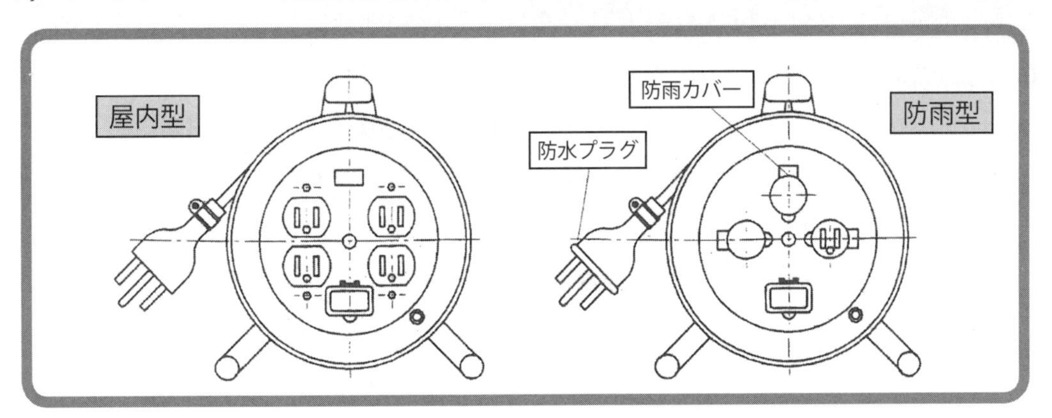

(2) コードリールには、100V 型と 200V 型がある。

一般的には 100V 型が多く、次のような種類のものがある。

① 2P タイプ

② 2P 接地付きタイプ

③ 温度センサー付（サーモスタット付）

④ 漏電遮断器付

⑤ 逆配電型（コンセント引出しタイプ）

(3) コードリールには、定格電流と限度電流が定められている。

定格電流：

電線をリールに巻いたままで使用できる電流の値。

温度センサー付のものを使用することが望ましい。

（定格電流内での使用。側板のラベルに表示がしてある。5A ～ 7A）

電線を巻いたまま使用すると、電線に熱がこもり温度上昇により絶縁が悪くなり火災の原因となる。

限度電流：

電線を引止めマークまで引き出した状態で使用できる電流の値（15A 程度）。

※コードリールの電線は引き出して使うか、電動工具の容量を確認して使用すること。

(4) 使用する前に必ず、電線、コンセント、本体の点検を行うこと。

a. 使用前点検

① 外観に使用上支障をきたす有害な損傷（カケ、変形、脱落）はないか。

② コンセント、プラグに傷、汚れ、腐食、付着物がないか。

③　電線の表面が平滑で、傷、膨れ、ひび割れがないか。

④　電源パイロットランプが点灯しているか。

⑤　漏電遮断器が付いている場合は、作動テストで確認したか。

⑥　サーモスタット付きコードリールは、熱感知部分に傷、へこみはないか。

b. 定期点検

①　電線、プラグ、コンセントの外観に有害な損傷はないか確認する。

②　内部配線接続部でネジ、線の緩みや抜けがないか確認する。

③　絶縁抵抗値が自主規格によって定められた抵抗値以上あるか確認する。

④　絶縁耐力試験を行う。（点検・検査は、販売店またはメーカーの営業所に依頼）

（5）法令で定める取扱上の注意事項

①　仮設の配線または移動電線を通路面に使用してはならない。ただし絶縁被覆の損傷のおそれのない状態で使用するときはこの限りではない。〔安衛則 338 条〕

②　接地極付のものを使用し漏電遮断器を経由させる。〔安衛則 649 条〕

③　使用前点検、定期点検を実施する。〔安衛則 352、353 条〕

（6）その他注意事項

①　電動工具を使用する場合は、アースの取れる３芯のものを使用する。

②　湿潤状態の箇所を避けて配線する。

③　火花のかかる付近では、防炎シートなどで養生を行う。
電線の被覆が火花で溶け、ショートや火災の原因となる。

④　液体（油、汚泥、薬品）のある場所で使用しない。
ひび割れ、膨れ等が起こり電線被覆が弱くなり漏電や感電する原因となる。

⑤　巻胴（ドラム）の脱落、漏電遮断器のカバーの外れているものは使用しない。

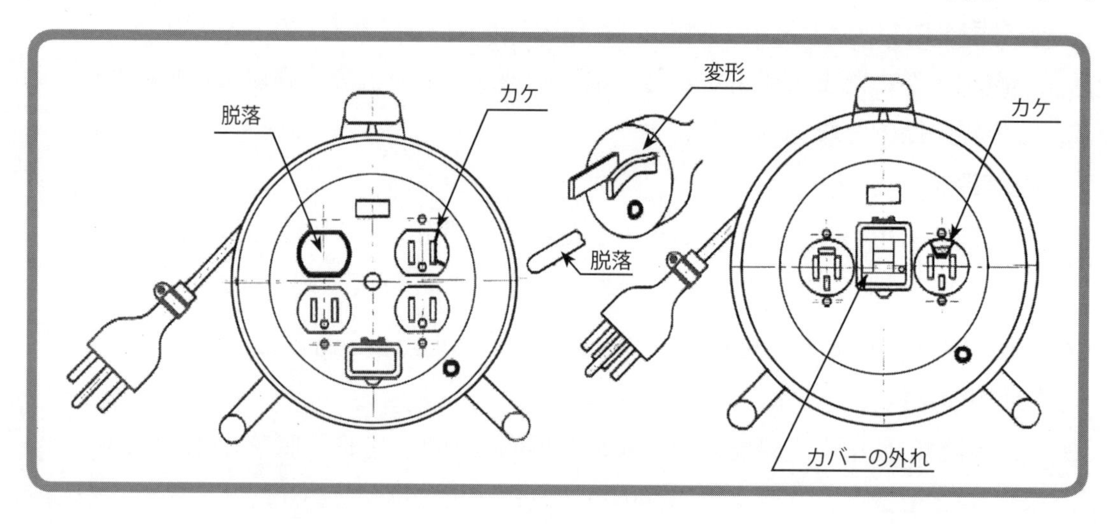

5 発電機

可搬形発電設備（電気事業法上は「移動用発電設備」と称する）のうち、発電電圧30V以上で、かつ10kW以上のものは、電気事業法上「自家用電気工作物」の適用を受け、「発電所」として扱われる。

(1) 協力会社がリースまたは自社保有機を使用する場合は、産業保安監督部長への手続を完了しているか確認する。

(2) 移動用電気工作物の取扱いについては平成17年6月1日経済産業省通達にて運用、解釈等が記されている。今回は従来定義されていた「リース業者等」「建設業者等」の個別区分けが削除され、「移動用電気工作物を設置して使用する者」に一本化された。

(3) 発電電圧30V以上、かつ10kW以上の発電機を使う現場では、下記手続が必要となる。

a．保安規程の届出〔電気事業法第42条〕

b．主任技術者の選任等の届出および申請〔電気事業法第43、電気施則52条〕

c．工事計画の認可の申請および届出〔電気事業法47、48条〕

「移動用電気工作物を設置して使用する者」が、当該移動用電気工作物の工事、維持および運用について保安規程を作成する。また、使用する場所またはこれを直接統括する事業場に主任技術者を選任するか、あるいは電気設備の保安業務を行っている電気保安法人等に保安業務を委託し、当該移動用電気工作物を使用する場所を管轄する産業保安監督部長に提出する。使用する場所が2以上の産業保安監督部の管轄区域にある場合は、経済産業大臣に届出を行う。出力10,000kW以上の火力発電所（内燃力を原動力とするもの）の設置、受電電圧10,000V以上の需要設備の設置には工事30日前迄に産業保安監督部長に工事計画を届出する。

※手続きの様式および届出先は22～27ページに掲載。

用語の定義

「移動用発電設備」	発電機その他の発電機器ならびにその発電機器と一体となって発電の用に共される原動力設備および電気設備の総合体（以下「発電設備」という）であって、貨物自動車等に設置されるもの（電気事業法施行令第１条に掲げるものを除く）または貨物自動車等で移設して使用することを目的とする発電設備をいう。ただし、非自航船用電気設備を除く。
「移動用電気工作物」	移動用発電設備、非自航船用電気設備、移動用変電設備および移動用予備変圧器をいう。
「非自航船用電気設備」	非自航船に設置される発電設備または需要設備をいう。
「移動用変電設備」	変電の用に供される電気設備の総合体であって、貨物自動車等で移設して使用することを目的とする変電設備をいう。ただし、移動用予備変圧器を除く。
「移動用予備変圧器」	２以上の発電所、変電所または需要設備に移設して使用することを目的とする予備変圧器をいう。

（4）作業所で発電機を使用する場合の管理

a．自社機械工場の機械を使用する場合

（イ）日常点検・月例点検の実施および記録を行う。

（ロ）機械工場に年次点検記録を提出させる。

b．リース業者から借りて使用する場合

（イ）日常点検・月例点検の実施および記録を行う。

（ロ）機械リース業協会の「定期点検済証」（1 年に 1 回実施）の貼付を確認する。

c．工事業者が自社機械、リース機械を使用する場合

「工事業者」に日常点検・月例点検・年次点検の記録を提出させる。

（5）高感度高速形の漏電遮断器を具備した発電機を使用する。

定格感度電流　　30mA、 動作時間　　0.1 秒

（6）発電機の設置場所の注意点

a．地盤が固く平坦な場所で、雨水などの浸れのおそれがないこと。

b．風通しが良く、エンジンの排気ガスがこもらない場所であること。

c．周辺に可燃物や引火性の危険物がないこと。

発電機のアース接続方法

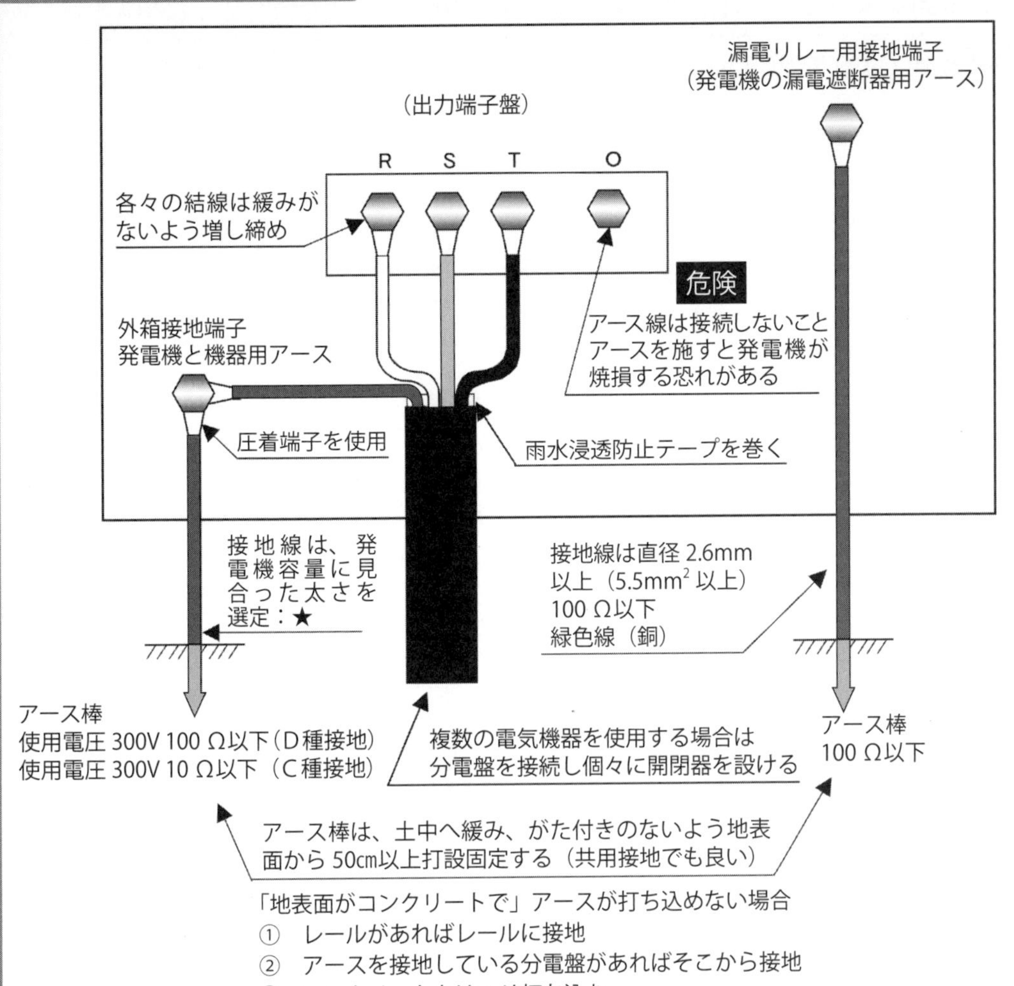

★ 接地線の太さ

接地する機械器具の金属製外箱、配管などの低圧電路の電源側に施設される過電流遮断器のうち最小の定格電流の容量	接地線の太さ（一般の場合）
	銅
20A 以下	1.6mm 以上　2.0mm² 以上
50A 以下	2.0mm 以上　3.5mm² 以上
100A 以下	2.6mm 以上　5.5mm² 以上
150A 以下	8.0mm² 以上
200A 以下	14.0mm² 以上
400A 以下	22.0mm² 以上
600A 以下	38.0mm² 以上
800A 以下	60.0mm² 以上

手続きの様式

○保安規程に係る届出（保安規程を作成した場合）

様式第 41（第 51 条関係）

保 安 規 程 届 出 書

年　　月　　日

殿

住　所

氏　名（名称及び代表者の氏名）　印

電気事業法第 42 条第 1 項の規定により別紙のとおり保安規程を定めたので届け出ます。

備考　1．用紙の大きさは、日本工業規格Ａ４とすること。
　　　2．氏名を記載し、押印することに代えて、署名することができる。この場合において、書名は必ず本人が自署するものとする。

上記様式のほか、以下の書類を添付してください。

・保安規程

○保安規程に係る届出（保安規程を変更した場合）

様式第 42（第 51 条関係）

保 安 規 程 変 更 届 出 書

年　　月　　日

殿

住　所

氏　名（名称及び代表者の氏名）

次のとおり保安規程を変更したので、電気事業法第 42 条第 2 項の規定により届け出ます。

変更の内容	
変更年月日	

備考　用紙の大きさは、日本工業規格Ａ４とすること。

上記様式のほか、以下の書類を添付してください。

・変更を必要とする理由を記載した書類

○電気主任技術者に係る届出（有資格者選任の場合）

様式第46（第55条関係）

主任技術者選任又は解任届出書

年　　月　　日

殿

住　所

氏　名（名称及び代表者の氏名）　印

次のとおり主任技術者の選任又は解任をしたので、電気事業法第43条第3項の規定により届け出ます。

主任技術者を選任又は解任した事業場の名称及び所在地		
選任した主任技術者	氏名及び生年月日	
	住所	
	主任技術者免状の種類及び番号	
	主任技術者が主任技術者の職務以外の職務を行っているときは、その職務の内容	
	主任技術者の監督に係る電気工作物の概要	
	選任年月日	
解任した主任技術者	氏名及び生年月日	
	住所	
	主任技術者免状の種類及び番号	
	解任年月日	

備考　1．法附則第7項又は第8項の規定により法第44条第1項の主任技術者免状の交付を受けている者とみなされた者に係る場合は、その旨を主任技術者免状の種類及び番号の欄に記載すること。
2．届出の内容が選任又は解任に限られるときは、それぞれ解任した主任技術者又は選任した主任技術者の欄を斜線により削除すること。
3．用紙の大きさは、日本工業規格A4とすること。
4．氏名を記載し、押印することに代えて、署名することができる。この場合において、署名は必ず本人が自署するものとする。

○電気主任技術者に係る届出（有資格者以外の選任の場合）

様式第45（第54条関係）

主任技術者選任許可申請書

年　月　日

殿

住　所
氏　名（名称及び代表者の氏名）　印

電気事業法第43条第2項の規定により次のとおり主任技術者の選任の許可を受けたいので申請します。

主任技術者を選任する事業場の名称及び所在地		
選任する主任技術者	氏名及び生年月日	
	住所	
主任技術者の監督に係る電気工作物の概要		

備考　1．用紙の大きさは、日本工業規格A4とすること。
2．氏名を記載し、押印することに代えて、署名することができる。この場合において、署名は必ず本人が自署するものとする。

上記様式のほか、以下の書類を添付してください。

1．選任を必要とする理由を記載した書類
2．選任をしようとする者の事業用電気工作物の工事、維持および運用の保安に関する知識および技能に関する説明書

○電気主任技術者に係る届出（兼任の場合）

様式第44（第53条関係）（平11通産令40・一部改正）

主任技術者兼任承認申請書

年　　月　　日

殿

住　所
氏　名（名称及び代表者の氏名）　印

電気事業法施行規則第52条第3項ただし書の規定により次のとおり主任技術者の兼任の承認を受けたいので申請します。

兼任させようとする主任技術者	氏名及び生年月日	
	住　　所	
	主任技術者免状の種類及び番号	
選任しようとする事業場の名称及び所在地		
既に選任されている事業場	名称及び所在地	
	選任された期日	

備考　1．法附則第7項又は第8項の規定により法第44条第1項の主任技術者免状の交付を受けているものとみなされた者に係る場合は、その旨を主任技術者免状の種類及び番号の欄に記載すること。
2．用紙の大きさは、日本工業規格A４とすること。
3．氏名を記載し、押印することに代えて、署名することができる。この場合において、署名は必ず本人が自署するものとする。

上記様式のほか、以下の書類を添付してください。

1．兼任を必要とする理由を記載した書類
2．主任技術者の執務に関する説明書

○電気主任技術者に係る届出（保安管理業務外部委託の場合）

様式第43（第53条関係）

保安管理業務外部委託承認申請書

年　　月　　日

殿

住　所
氏　名（名称及び代表者の氏名）　印

電気事業法施行規則第52条第2項の規定により承認を受けたいので申請します。

主任技術者を選任しない事業場	名称及び所在地	
	電気工作物の概要	
委託契約の相手方	氏名及び生年月日（名称）	
	住　所	
	主任技術者免状の種類及び番号	
委託契約を締結した年月日		

備考　1．主任技術者免状の種類及び番号欄は、委託契約の相手方が法人である場合は、省略すること。
2．用紙の大きさは、日本工業規格A4とすること。
3．氏名を記載し、押印することに代えて、署名することができる。この場合において、署名は必ず本人が自署するものとする。

上記様式のほか、以下の書類を添付してください。

1．委託契約の相手方（電気管理技術者、電気保安法人）の執務に関する説明書
2．委託契約書の写し
3．委託契約の相手方が電気事業法施行規則第52条の2の要件に該当することを証する書類

○産業保安監督部署一覧

各種届出は、設置または使用区域を管轄する産業保安監督部長へ提出する。

名称・連絡先	管轄区域
北海道産業保安監督部 電力安全課 電話：011-709-1725	北海道
関東東北産業保安監督部 東北支部電力安全課 電話：022-221-4952	青森県、岩手県、宮城県、秋田県、山形県、福島県、新潟県
関東東北産業保安監督部 電力安全課 電話：048-600-0387	茨城県、栃木県、群馬県、埼玉県、千葉県、東京都、神奈川県、山梨県、静岡県のうち熱海市、沼津市、三島市、富士宮市、伊東市、富士市、御殿場市、裾野市、下田市、伊豆市、伊豆の国市、駿東郡、富士郡、（芝川町（昭和 31 年 9 月 29 日における旧庵原郡内房村の区域に限る。）を除く。）
中部近畿産業保安監督部 電力安全課 電話：052-951-2817	長野県、愛知県、岐阜県（北陸産業保安監督署および近畿支部の管轄区域を除く。）、静岡県（関東東北産業保安監督部の管轄区域を除く。）、三重県（近畿支部の管轄区域を除く。）
中部近畿産業保安監督部 北陸産業保安監督署 電話：076-432-5580	富山県、石川県、岐阜県のうち飛騨市（平成 16 年 1 月 31 日における旧吉城郡神岡町および宮川村（昭和 31 年 9 月 29 日における旧坂下村の区域に限る。）の区域に限る。）、郡上市（平成 16 年 2 月 29 日における旧郡上郡白鳥町石徹白の区域に限る。）、福井県（近畿支部の管轄区域を除く。）
中部近畿産業保安監督部 近畿支部電力安全課 電話：06-6966-6047	滋賀県、京都府、大阪府、奈良県、和歌山県、兵庫県（中国四国産業保安監督部の管轄区域を除く。）、福井県のうち小浜市、三方郡、三方上中郡、遠敷郡、大飯郡、岐阜県のうち不破郡関ケ原町（昭和 29 年 8 月 31 日における旧今須村の区域に限る。）、三重県のうち熊野市（昭和 29 年 11 月 2 日における旧南牟婁郡新鹿村、荒坂村および泊村の区域を除く。）、南牟婁郡
中国四国産業保安監督部 電力安全課 電話：082-224-5742	鳥取県、島根県、岡山県、広島県、山口県、兵庫県のうち赤穂市（昭和 38 年 9 月 1 日に岡山県和気郡日生町から編入された区域に限る。）、香川県のうち小豆郡、香川郡直島町、愛媛県のうち今治市（平成 17 年 1 月 15 日における旧越智郡吉海町、宮窪町、伯方町、上浦町、大三島町および関前村の区域に限る。）、越智郡上島町
中国四国産業保安監督部 四国支部電力安全課 電話：087-811-8585	徳島県、香川県（中国四国産業保安監督部本部の管轄区域を除く。）、愛媛県（中国四国産業保安監督部本部の管轄区域を除く。）、高知県
九州産業保安監督部 電力安全課 電話：092-482-5521	福岡県、佐賀県、長崎県、熊本県、大分県、宮崎県、鹿児島県
那覇産業保安監督事務所 保安監督課 電話：098-866-6474	沖縄県
原子力安全・保安院 電力安全課 電話：03-3501-1742	全国

6 アーク溶接

(1) 手動アーク溶接作業に使う溶接棒ホルダーは、絶縁効力および耐熱性のあるものを使用する。（溶接棒ホルダーの規格は JIS-C9300-11）〔安衛則 331 条〕

(2) 溶接棒ホルダーの絶縁部は破損しているものは使用しない。使用開始前に必ず点検すること。〔安衛則 352 条〕

(3) 次の場所で交流アーク溶接の作業を行うときは、自動電撃防止装置を使用すること（出力側無負荷電圧が、1.5 秒以内に、30V 以下となる溶接機を用いる場合を除く）。〔安衛則 332 条〕

a．導電体に囲まれた著しく狭隘（あい）な場所

船舶の二重底、ピークタンクの内部、ボイラーの胴、ドームの内部等。

b．墜落のおそれのある、高さ 2m 以上で、鉄骨等の導電性の高い接地物に、接触するおそれのある場所

出力側無負荷電圧：

溶接機のアークの発生を停止させた場合の溶接棒と溶接物との間の電圧をいう。

(4) 電撃防止装置の動作を確認してから使用させる。〔安衛則 352 条〕

溶接作業開始前に必ずテストボタンで電磁開閉器が確実に作動しているか確かめること。

(5) 1 次（電源側）電線はキャブタイヤケーブルを使用する。

(6) 2 次（ホルダー側）電線は溶接用ケーブルを使用する。

(7) 溶接機本体の外箱のアースを接地する。

感電防止用漏電遮断機（ELB）をつけても機体にはＤ種接地をすること。

(8) アーク溶接作業は、特別教育修了者が行う。

(9) 金属をアーク溶接する作業は粉じん作業に該当する。〔粉じん則２条〕

防じんマスクの使用、および換気措置を設置する。〔粉じん則 27 条〕

(10) アーク溶接の作業者は、保護面・保護メガネ・保護手袋を使用する。

保護メガネの遮光度（JIS T8141 抜粋）

<table>
<tr><th rowspan="2">遮光度番号</th><th colspan="3">アーク溶接・切断作業</th></tr>
<tr><th>被覆アーク溶接</th><th>ガスシールド
アーク溶接</th><th>アークエアガウジング</th></tr>
<tr><td>9</td><td rowspan="3">75 A を超え
200 A まで</td><td rowspan="2">100 A 以下</td><td>—</td></tr>
<tr><td>10</td><td rowspan="2">125 A を超え
225 A まで</td></tr>
<tr><td>11</td><td rowspan="2">100 A を超え
300 A まで</td></tr>
<tr><td>12</td><td rowspan="2">200 A を超え
400 A まで</td><td rowspan="2">225 A を超え
350 A まで</td></tr>
<tr><td>13</td><td rowspan="2">300 A を超え
500 A まで</td></tr>
<tr><td>14</td><td>400 A を超えた場合</td><td rowspan="3">350 A を超えた場合</td></tr>
<tr><td>15</td><td rowspan="2">—</td><td rowspan="2">500 A を超えた場合</td></tr>
<tr><td>16</td></tr>
</table>

※一般に、11 または 12 の遮光番号のメガネが使用される。

(11) 強烈な光線を発する場所について〔安衛則 325 条〕

その場所を区画し、適当な遮光壁等保護具を備える。

(12) 可燃物・引火物・爆発物の近くでは、溶接・溶断作業を行わない。

(13) 湿った場所での溶接・溶断作業は控える。〔安衛則 333 条〕

感電防止用漏電遮断装置の使用

(14) 通気の悪い場所での作業は換気を行う。

(15) 電気機械器具の囲い等〔安衛則 329 条〕

充電部分に接触し感電のおそれのあるものは、絶縁覆いをする。

(16) 作業終了、作業を中断する時は、溶接ホルダーより溶接棒を外し、電源スイッチを切る。

(17) アースクランプは、できるだけ溶接作業の近くに取り付ける。

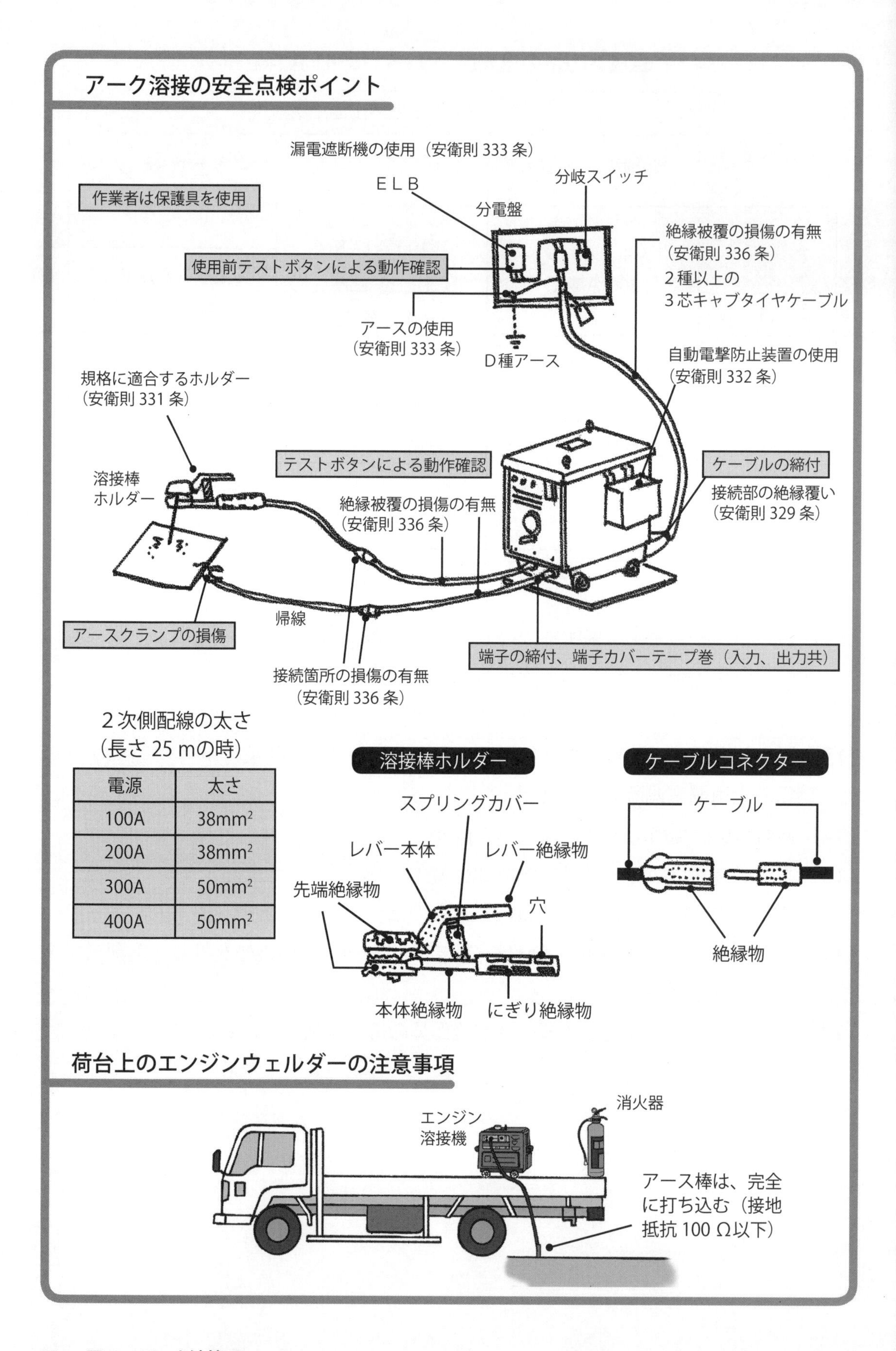

電源	太さ
100A	38mm²
200A	38mm²
300A	50mm²
400A	50mm²

7 電 動 工 具

7.1 電動工具一般

(1) 安全装置に異常がないか点検する。

(2) キャブタイヤケーブル、プラグ等の破損箇所の有無を点検する。〔安衛則 336 条〕

(3) 漏電遮断器へ接続する。〔安衛則 333 条〕

接続できない場合はアースクリップ等によりアース線に接続するか、二重絶縁構造の機種を使用する。基本的に感電防止用漏電遮断器が設置された電源に接続し二重絶縁構造の機種を使用するのがより安全で望ましい。

電動工具の始業点検項目

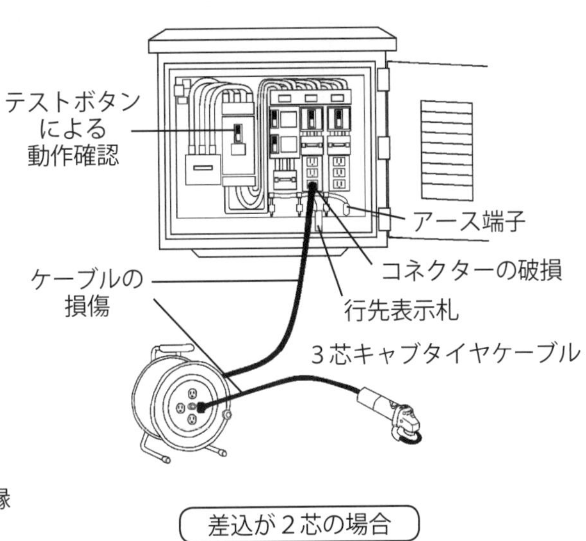

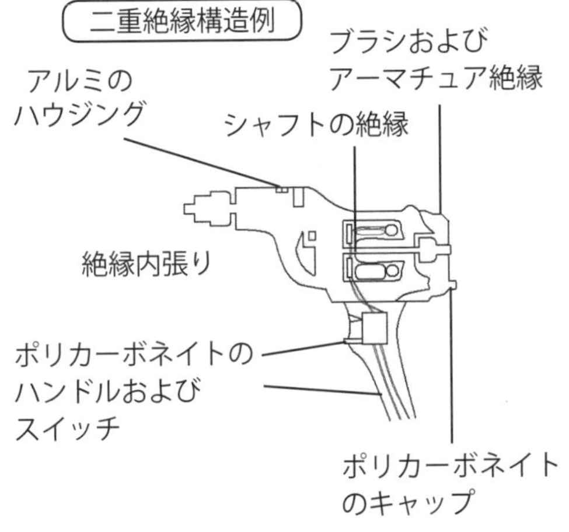

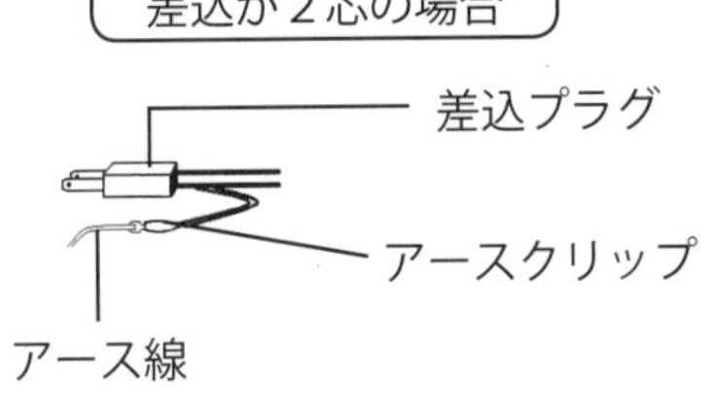

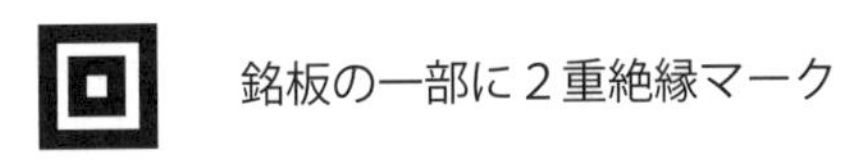

(4) 使用電源は規格に合った電圧で使用する。

(5) 使用していない時、修理する時、部品交換する時は、差込みプラグを電源から抜く。

(6) 安全装置を取り外したり、無効な状態にしない。

(7) 無理な姿勢で使用しない。

(8) その他電動工具の取扱説明書に従い安全に使用する。

7.2　グラインダー・高速カッター

(1) 研削といしに覆いを設ける。〔安衛則 117 条〕

（ただし直径 50mm 未満のものは設けなくてもよい。）

(2) 作業開始前 1 分間以上、といしを交換したときは 3 分間以上試運転をする。〔安衛則 118 条〕

(3) 研削といしは最高使用周速度をこえて使用しない。〔安衛則 119 条〕

(4) 側面を使用することを目的とする研削といし以外の研削といしの側面を使用しない。〔安衛則 120 条〕

(5) 研削といしの取替えおよび取替え時の試運転は特別教育修了者が行う。〔安衛則 36 条〕

(6) 保護具（防塵メガネ等）の使用〔安衛則 106 条〕

(7) 呼吸用保護具の使用〔粉じん則 27 条・安衛則 593 条〕

(8) オフセット研削といしと加工面との角度は、15°～ 30°が適当である。

(9) 加工物は、確実に固定する。

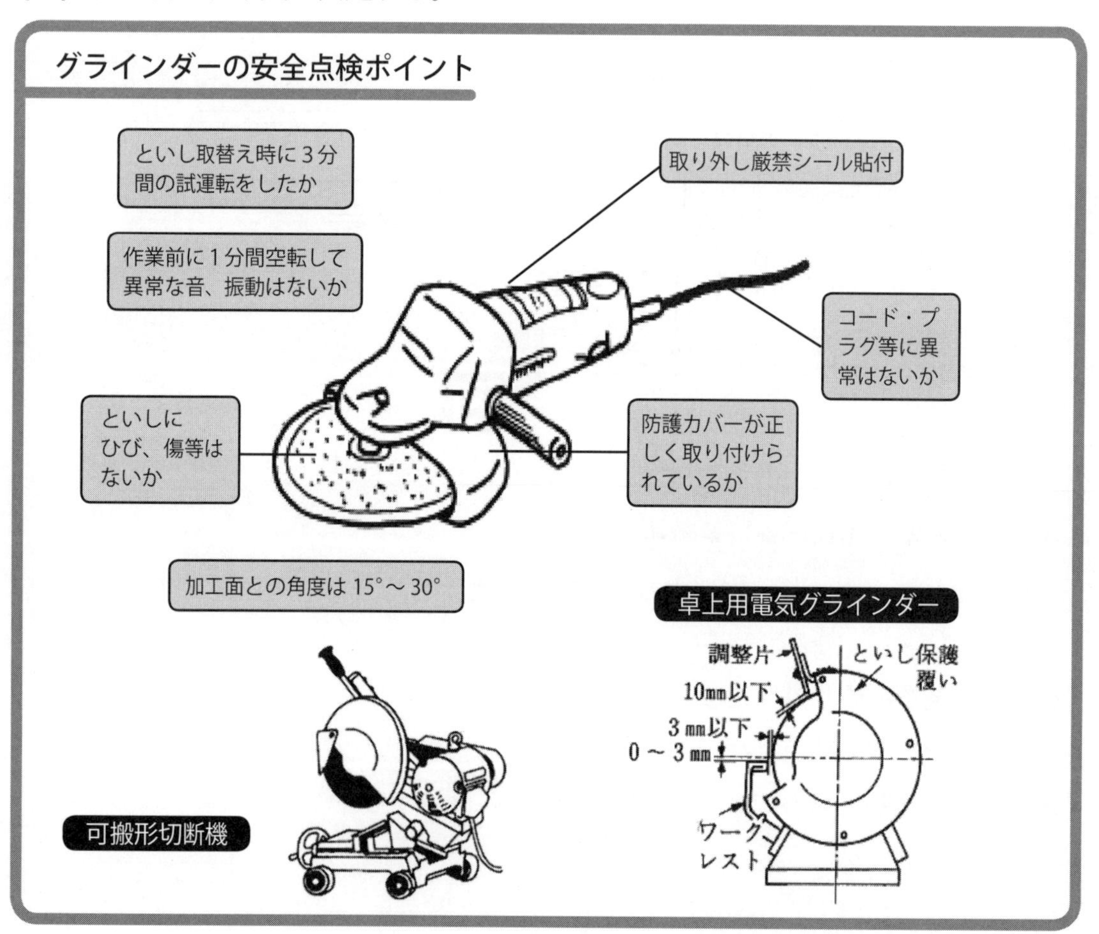

7.3　丸のこ盤

(1) 木材加工用丸のこ盤には、割刃その他の反ぱつ予防装置をつける。〔安衛則122条〕（ただし横切用丸のこ盤、走行のこ盤等は除く。）

(2) 木材加工用丸のこ盤には、歯の接触予防装置をつける。〔安衛則123条〕

(3) 手袋を着装して使用しない。

(4) 使用する刃物はつねに切れ味をよくしておく。

(5) 作業台の安定性を確認する。

(6) 安全装置を取外したり、無効な状態の作業はしない。

(7) 他の作業員が危険な位置にいないか確認する。

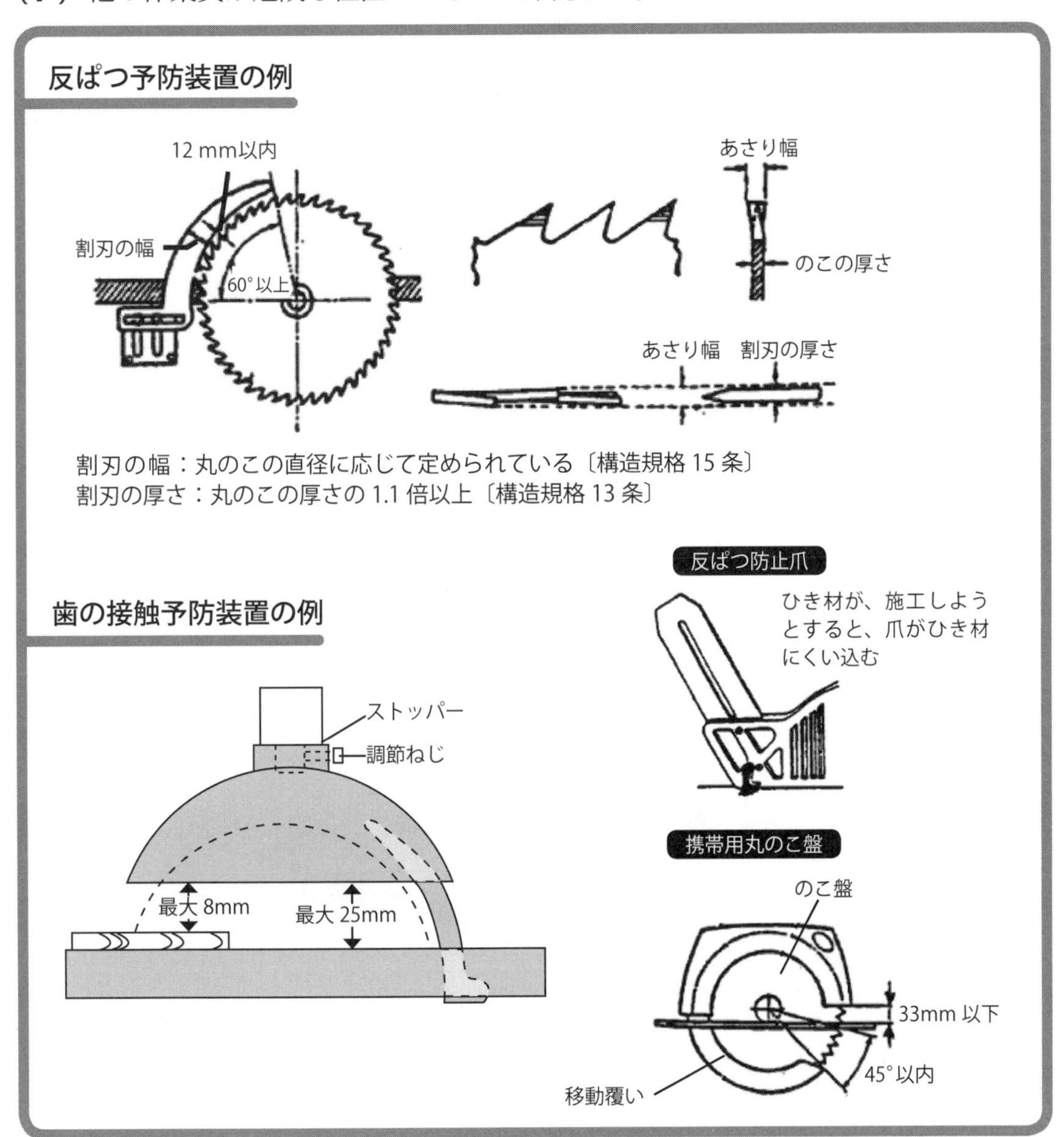

7.4　携帯用丸のこ盤

(1) 停止時のブレーキのききめを確認する。

(2) 切削屑が飛散する場合は、保護具（保護メガネ等）を使用する。〔安衛則 106 条〕

(3) 接触予防装置（カバー）の動作を確認する。

携帯用丸のこ盤の安全点検ポイント

2　スイッチは近くにあるか

3　歯の破損、各部のボルト、ネジ等のゆるみはないか

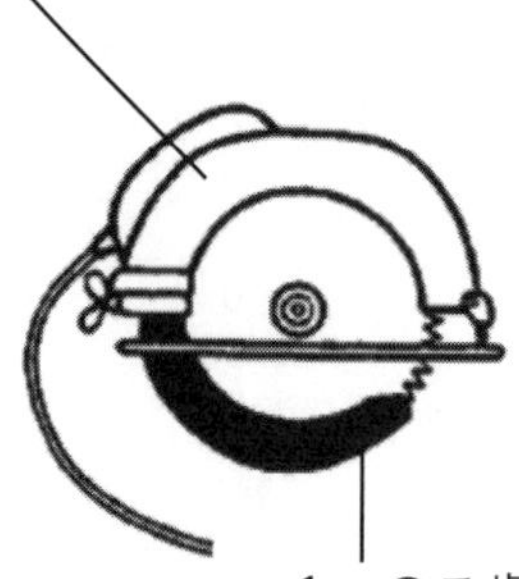

1　のこ歯の接触予防装置（カバー）は、常に作動するようにしているか

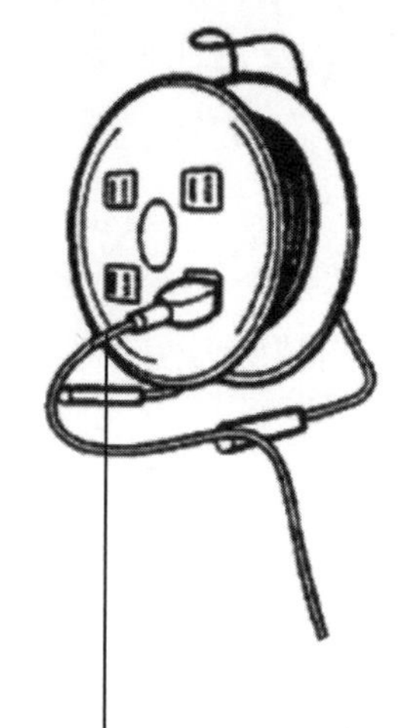

4　キャブタイヤに破損箇所はないか（適正なプラグを使用しているか）

5　回転中の異常音はないか

6　安定した台の上で正しい姿勢で作業しているか

7　手袋を使用して取り扱ってないか

8　停止時のブレーキのききめはよいか

8 照明設備

建設現場における照明は、保安灯、作業灯および事務所の室内照明設備が主となる。多くは経験によって必要な照明設備が計画されているが、安衛法には必要な照度の基準が決められており、注意が必要である。

主な法的な要求事項は次のとおりである。

(1) 電気機械器具の操作部分の照度は、感電や誤操作による危険を防止するため、必要な照度を保持する。〔安衛則 335 条〕

(2) 次の作業箇所では、安全に作業を行うため必要な照度を保持しなければならない。

a．明り掘削作業を行う場所〔安衛則 367 条〕

b．高さ 2 m 以上の箇所で作業を行う時〔安衛則 523 条〕

(3) 作業場に通じる通路には正常の通行を妨げない程度に、採光または照明の方法を講じること。〔安衛則 541 条〕

(4) 常時就業する場所の作業面の照度は、作業の区分の応じて下記基準に適合させなければならない。〔安衛則 604 条〕

作業の区分	基準
精密な作業	300 ルクス以上
普通の作業	150 ルクス以上
粗な作業	70 ルクス以上

8．1 光束、照度、光度

電球、蛍光灯などの光源から出る光の量を光束という。単位はルーメン［lm］記号はＦで表す。

各種光源の光束は、JIS に定められているが、実際の値はメーカーのカタログ等によって調べる必要がある。

照明の単位

名前	単位	意味
照度	lx（ルクス）	照らされる場所の明るさのこと。１ルクスとは、１m²の面積に１ルーメンの光束が入射している時の照度を表す。
光束	lm（ルーメン）	光の量のこと。
光度	cd（カンデラ）	光の強さのこと。光源からある方向にどれだけの光の量が出ているかを表す。
輝度	cd/m²	光源が広がりを持っているとき光源面の明るさを表す量。

８．２　建設現場における照明の照度

建設現場において、仮設の照明設備を設置する場合は、作業の内容、照明場所の条件によって必要な照度を決定し、事前に専門工事会社と十分な打合せが必要である。

前述したように、安衛法には作業の内容に応じて大まかな必要照度が規定されているが、建設現場に一般的に必要とされる照度の目安を表に示す。

作業場所の照度（参考）

単位：ルクス

<table>
<tr><th>区分</th><th colspan="2">照明場所</th><th>照度</th></tr>
<tr><td rowspan="17">保安灯</td><td rowspan="3">建築工事</td><td>無窓階</td><td rowspan="2">30</td></tr>
<tr><td>地下階</td></tr>
<tr><td>地上階</td><td>20</td></tr>
<tr><td>トンネル工事</td><td>坑内</td><td rowspan="6">30</td></tr>
<tr><td>シールド工事</td><td>坑内</td></tr>
<tr><td rowspan="3">潜函工事</td><td>ロック</td></tr>
<tr><td>シャフト</td></tr>
<tr><td>作業室</td></tr>
<tr><td>地下工事</td><td>地下</td></tr>
<tr><td rowspan="4">屋外</td><td>運搬路</td><td rowspan="7">10</td></tr>
<tr><td>通路</td></tr>
<tr><td>材料置場</td></tr>
<tr><td>倉庫</td></tr>
<tr><td rowspan="3">土木工事</td><td>ずり捨場</td></tr>
<tr><td>掘削</td></tr>
<tr><td>盛土</td></tr>
<tr><td colspan="2">一般（その他）</td><td>5</td></tr>
</table>

<table>
<tr><th>区分</th><th>照明場所</th><th>照度</th></tr>
<tr><td rowspan="9">作業灯</td><td>基礎工事</td><td rowspan="5">100</td></tr>
<tr><td>杭打工事</td></tr>
<tr><td>鉄筋、型枠組立工事</td></tr>
<tr><td>コンクリート打設工事</td></tr>
<tr><td>建物内付帯工事</td></tr>
<tr><td>採石、砕石作業</td><td>70</td></tr>
<tr><td>切羽</td><td rowspan="2">100</td></tr>
<tr><td>コンクリート巻立作業</td></tr>
<tr><td>荷役作業</td><td>70</td></tr>
<tr><td rowspan="10">事務所宿舎等</td><td>事務室</td><td>200</td></tr>
<tr><td>製図室</td><td>500</td></tr>
<tr><td>娯楽、休憩室</td><td rowspan="3">100</td></tr>
<tr><td>食堂</td></tr>
<tr><td>厨房</td></tr>
<tr><td>居室・寝室</td><td>50</td></tr>
<tr><td>階段室</td><td>30</td></tr>
<tr><td>倉庫</td><td>10</td></tr>
<tr><td>その他</td><td rowspan="2">5</td></tr>
<tr><td>屋外</td></tr>
</table>

○必要照明灯数の計算例

$100m^2$ の作業面を 100W の白熱電球を使用して 70［lx］の照度を確保する場合に必要な照明器具の灯数は、その作業面の光の利用の度合（照明率）を 50％とすると下記の通りである。

E＝F／A［lx］から、

F＝100×70／0.5＝14,000［lm］

100W の白熱電球一灯は、1,600［lm］であるから、

N（灯）＝14,000／1,600＝8.75≒9（灯）

8.3　照明設備設置上の留意点

（1）採光および照明

明暗の対照が著しくなく、かつ、まぶしさを生じさせない方法とし、労働者を常時就業させる場所の照明設備は、6カ月以内に1回、定期的に点検しなければならない。〔安衛則 605 条〕

（2）固定電灯（電柱、仮囲い、足場等に固定して取り付ける電灯）設置上の留意点

a．電圧

人が容易に触れるおそれがある場所に設置する場合は、100V の回路に接続して使用する。

b．漏電遮断器〔電技 15 条、電技解釈 36 条、安衛則 333 条〕

固定電灯は、漏電による感電の危険を防止するため漏電遮断器（分電盤等）に接続して使用する。

c．電線〔電技 56、57 条、電技解釈 164 条〕

（イ）固定電灯の配線に使用する電線は、ケーブル（F ケーブルを含む）および2種以上のキャブタイヤケーブルとする。

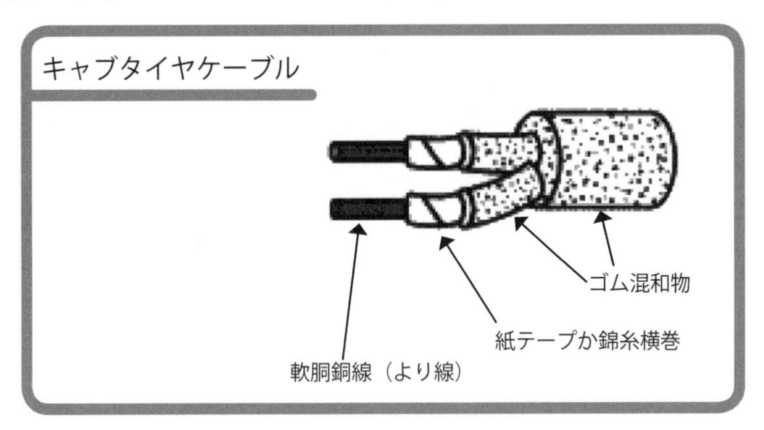

（ロ）投光器および安定器等、接地が必要な器具に使用するケーブルは、3芯のものを使用する。

（ハ）固定電灯の配線を直接コンクリートに埋め込む場合の配線は、ケーブル（Fケーブルを含む）を使用する。（1年以上の期間、コンクリートに直接埋設する場合は、コンクリート直埋用ケーブルを使用する。）

d．ガード

（イ）固定電灯を人が容易に触れるおそれがある場所に設置する場合は、ガードを取り付ける。

（ロ）固定電灯のうち白熱灯は、設置場所にかかわらず全てガードを取り付ける。

（ハ）防水ソケットに取り付けるガードは、原則として合成樹脂製とする。

e．防水ソケット

固定電灯に使用する防水ソケットは、ゴム製のものとする。

f．ケーブルコネクタ

（イ）固定電灯に使用するケーブルコネクタは、屋外型（防水型）のもので接地付とする。

（ロ）ケーブルコネクタは、使用電圧に適合したものを使用する。

g．絶縁

固定電灯の絶縁抵抗値は、1MΩ以上とする。

h．接地

（イ）専用の接地線は、分電盤等の接地端子または専用の接地極に接続する。

（ロ）投光器の金属性ケースおよび水銀灯、ナトリウム灯等の安定器の金属製ケースは、D種接地工事を行う。

i．防護

固定電灯、水銀灯等の安定器（器具内臓のものは除く）および付属接地機器（コネクター等）の端子部、電線の充電部が露出して感電するおそれのないよう、端子カバーまたは絶縁物で覆う。

（3）移動電灯（架空吊り下げ電灯、移動して使用する投光器類）設置上の留意点

a．電圧〔電技15、56、59、63、64条、電技解釈143条〕

移動電灯は、100Vの回路に接続して使用する。

b．漏電遮断器〔電技15条、電技解釈36条、安衛則333条〕

移動電灯は、漏電による感電の危険を防止するため必ず高感度高速型の漏電遮断器に接続して使用する。

c．電線〔電技56、57条、電技解釈164条〕

（イ）移動電灯に使用する電線は、２種以上のキャブタイヤケーブルとし、断面積は0.75mm^{2}以上とする。

（ロ）キャブタイヤケーブルは、３芯のものを使用し、接地を行う。

d．ガード

（イ）移動電灯は、全てガードを取付けて使用する。〔安衛則330条〕

① 電球の口金の露出部分に容易に手が触れない構造のものとすること。

② 材料は、容易に破損または変形をしないものとすること。

（ロ）防水ソケットに取り付けるガードは、原則として合成樹脂製とする。

e．ケーブルコネクタ

（イ）移動電灯に使用するケーブルコネクタは、屋外型（防水型）を使用し、接地付とする。

（ロ）ケーブルコネクタは、使用電圧に適合したものを使用する。

f．絶縁

移動電灯の絶縁抵抗値は、１MΩ以上とする。

g．接地

（イ）専用の接地線は、分電盤等の接地端子または専用の接地極に接続する。

（ロ）リフレクタランプ等（二重絶縁構造の器具を除く）を移動電灯として使用する場合は、器具の金属製ケースに接地を行う。

h．防護

移動電灯および付属接続器具の端子部、電線の接地部等は充電部が露出して感電のおそれのないよう端子カバーまたは絶縁物等で覆う。

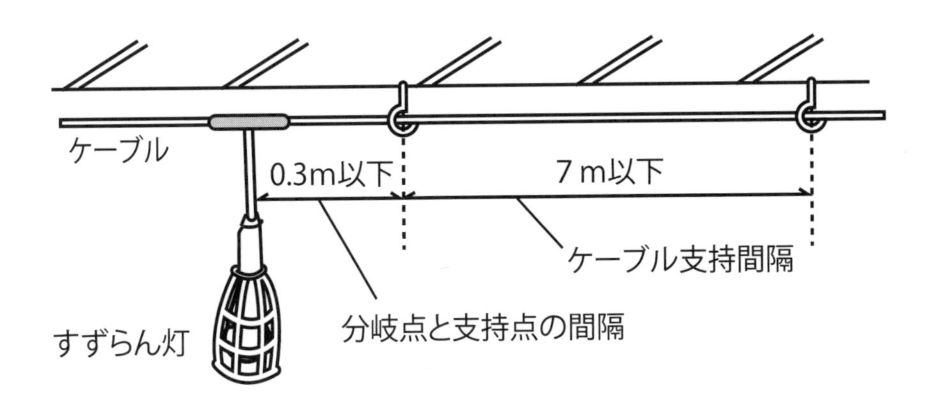

照明器具

<table>
<tr><td>白熱灯</td><td colspan="2">白熱電球</td></tr>
<tr><td rowspan="5">蛍光灯</td><td colspan="2">直付型蛍光灯</td></tr>
<tr><td colspan="2">ボトルック蛍光灯</td></tr>
<tr><td rowspan="2">パノラマ式スタンド型</td><td>全光タイプ（半透明の生地）</td></tr>
<tr><td>反射タイプ（半透明の生地）</td></tr>
<tr><td colspan="2">スタンド型蛍光灯</td></tr>
<tr><td rowspan="3">ＬＥＤ灯</td><td colspan="2">電球型</td></tr>
<tr><td colspan="2">直管蛍光灯型</td></tr>
<tr><td colspan="2">円形蛍光灯型</td></tr>
<tr><td rowspan="2">バルーンライト照明器具（安定器付）</td><td rowspan="2">メタルハライドランプ</td><td>発電機搭載式</td></tr>
<tr><td>三脚・単管取付式（電灯）</td></tr>
<tr><td rowspan="6">投光器</td><td colspan="2">水銀灯投光器</td></tr>
<tr><td colspan="2">白熱投光器</td></tr>
<tr><td colspan="2">HID 投光器</td></tr>
<tr><td colspan="2">パラドレス水銀灯投光器</td></tr>
<tr><td colspan="2">ハロゲンランプ投光器</td></tr>
<tr><td colspan="2">メタルハライド投光器</td></tr>
</table>

※　使用する電気器具の選定による使用料金の低減

①　白熱 100W 電球の照度は蛍光灯の 27W と同程度である。

②　電気料金は 1 日 10 時間・1 カ月 25 日・使用期間 6 カ月として 100W 電球で 1 とすると 27W 蛍光灯とは 0.27 程度で済む。また二酸化炭素排出量も、おおよそ 73% 減になる。

③　投光器などにおいては、白熱投光器の使用を止め水銀灯を使用すれば同じ消費電力でも照度は 2 倍になり、電気料金は 60％減になる。

④　ＬＥＤ照明用管球は、白熱球に比べて約 87％、蛍光灯に比べて約 30％消費電力の削減が可能である。

9 水中ポンプ

(1) 水中ポンプを扱う場所では、必ず安全ゴム長靴を履く。

(2) インペラ（水揚げ部）およびストレーナーの清掃は、元スイッチを切って行う。

(3) 移動時は､ハンドルを持って移動すること。キャブタイヤケーブルは絶対に引っぱらないこと。

(4) 吊り下げ作業の場合は、所定の吊り下げ金具を使用する。

(5) アースは他機器との併用を避け、確実に取り付ける。

(6) ポンプを宙吊りにした状態での始動は絶対に行わない。回転反動によりケガをするおそれがある。

(7) 水中ポンプは、水以外の液体、油、海水、有機溶剤には使用しない。

(8) 保守、点検は必ず電源を切るか、電源プラグをコンセントから抜いて行うこと。

(9) 停電時には、電源を切りポンプを停止すること。復旧後の不意のポンプ始動は大変危険である。

(10) 電気配線は有資格者が行い、漏電遮断器および過電流保護装置を必ず取り付けること。

水中ポンプの種類

<table>
<tr><th></th><th>名称</th><th colspan="2">用途・機能</th></tr>
<tr><td>1</td><td>普通揚程水中ポンプ</td><td colspan="2">① 一般土木・建築工事の排水用
② 雨水・湧水・溜り水の排水用
③ 一般的揚水・散水用</td></tr>
<tr><td>2</td><td>高揚程水中ポンプ</td><td colspan="2">① 土木（河川・橋梁・ダム・上下水道等）工事排水用
② 各種工事での揚水・排水</td></tr>
<tr><td>3</td><td>サンドポンプ</td><td colspan="2">① 一般土木・建築基礎工事の泥水排水用</td></tr>
<tr><td rowspan="2">4</td><td rowspan="2">残水処理ポンプ</td><td>低水型</td><td>① 一般建設工事の床排水用
② マンホール・ピット、受水槽の低水、残水排水</td></tr>
<tr><td>スイープ型</td><td>① 各種建設現場におけるスラブなどの（水たまり）排水用
② 受水槽やタンクの残水排水用</td></tr>
<tr><td>5</td><td>フロートポンプ</td><td colspan="2">① フロート作動で自動的にスイッチが ON・OFF になる
② 基礎工事で釜場に設置した場合、モーター焼けを防げる</td></tr>
<tr><td>6</td><td>エンジンポンプ</td><td colspan="2">① 土木工事の土砂排水用
② ヘドロ、砂、砂利などの固定物を含む泥水処理に最適</td></tr>
<tr><td>7</td><td>フレキシブルポンプ</td><td colspan="2">① 土木建設工事の排水、散水
② 特に高い所への揚水、遠距離への送水</td></tr>
</table>

10 電気に関する資格

10. 1　資格名

（1）電気主任技術者

資格　電気主任技術者免許、電気工作物の電圧によって必要な資格が定められ、第1種、第2種、第3種がある。（経済産業省）

業務　事業用電気工作物の工事、維持および運用に関する保安の監督。電気を高圧で敷地に引き込んでいる建物の電気設備を管理、点検する業務

（2）電気工事士

資格　電気工事士免許、電気工事の欠陥による災害を防止するための作業する者の資格、第1種、第2種がある。（経済産業省）

業務　a．第1種電気工事士

自家用、一般用電気工作物の工事に従事。ビル、工場など、高圧で電気を受けている所の作業、工事をする業務。最大電力 500kW 未満の需要設備が規制対象

b．第2種電気工事士

一般用電気工作物の工事に従事。住宅、小規模な店舗、建築物などの電気作業をする業務

※　電気工事士と低圧電気取扱業務特別教育

低圧電気取扱業務等を行う場合には、「電気工事士」の資格の有無とは関係なく、「低圧電気取扱業務特別教育」の受講が必要

電気工作物の種類と資格

<table>
<tr><td colspan="5">電気工作物
電気を供給するための発電所、変電所、送配電線路をはじめ、工場、ビル、住宅などの受電設備、屋内配線、電気使用設備などの総称</td></tr>
<tr><td colspan="4">事業用電気工作物
（電気事業用や自家用電気工作物の総称）</td><td rowspan="4">一般用電気工作物
一般住宅や小規模な店舗、事業所などの電圧 600 V 以下で受電する場所の配線や電気使用設備など</td></tr>
<tr><td rowspan="3">電気事業用電気工作物
電気事業者の発電所、変電所、送電線路、配電線路など</td><td colspan="3">自家用電気工作物
一般用および電気事業用以外の電気工作物（工場やビルなどのように、電気事業者から高圧以上の電圧で受電している事業場等の電気工作物）</td></tr>
<tr><td rowspan="2">工場等の需要設備以外の発電所、変電所など</td><td colspan="2">需要設備</td></tr>
<tr><td>最大電力 500kW 以上のもの</td><td>最大電力 500kW 未満のもの</td></tr>
<tr><td colspan="4">電気主任技術者の資格と範囲</td><td></td></tr>
<tr><td colspan="3"></td><td colspan="2">電気工事士の資格と範囲</td></tr>
</table>

（3）認定電気工事従事者（経済産業省）

資格 第 1 種電気工事士のうち低圧部分の資格

業務 電圧 600V 以下で使用する自家用電気工作物の工事に従事（簡易電気工事）。500kW 未満の低圧部分の工事をする業務

（4）電気取扱業務特別教育修了者（厚生労働省）

資格 電気取扱業務に係る特別教育修了者

業務 a．高圧または特別高圧の充電電路もしくはその支持物の敷設、点検、修理、操作の業務

b．低圧の充電電路の敷設、修理または配電盤室、変電室等の区画された場所に設置する低圧の電路のうち充電部分が露出している開閉器の操作の業務

（5）可搬形発電設備専門技術者

資格 可搬形発電設備の業務に関しての実務経験年数が必要

（社）日本内燃力発電設備協会

業務 発電電圧 30V 以上で、かつ、10kW 以上の建設工事現場等で使用される工事用の可搬形発電設備の現場への据付、運転管理、点検等、その実務および管理、監督する業務

※電気主任技術者、第1種電気工事士、可搬形発電機整備技術者（社）日本建設機械レンタル協会等の資格を有する者も同上の業務ができる。

10. 2　電気取扱業務特別教育修了者を必要とする作業

次記 **10. 3**の軽微な工事および軽微な作業について、次に該当する場合は電気取扱業務特別教育修了者に工事または作業を行わせなければならない。〔安衛則36条4号〕

（1） 高圧または特別高圧

充電電路またはその充電電路の支持物の敷設、点検、修理もしくは操作の業務

（2） 低圧（直流：750V 以下、交流：600V 以下）

充電電路の敷設もしくは修理の業務

（3） 配電盤室、変電室等の区画された場所に設置する低圧の電路充電部分が露出している開閉器の操作の業務

10. 3　電気工事士の対象とならない工事・作業

（1）軽微な工事

a．電圧 600V 以下で使用する差込み接続器、ねじ込み接続器、ソケット、ローゼットその他の接続器、または電圧 600V 以下で使用するナイフスイッチ、カットアウトスイッチ、スナップスイッチその他の開閉器にコードまたはキャブタイヤケーブルを接続する工事（作業の例：分電盤の接続等）

b．電圧 600V 以下で使用する電気機器（配線器具を除く。以下同じ）または電圧 600V 以下で使用する蓄電池の端子の電線（コード、キャブタイヤケーブルおよびケーブルを含む。以下同じ）をねじ止めする工事（作業の例：発電機の接続等）

c．電圧 600V 以下で使用する電力量計もしくは電流制限器またはヒューズを取り付け、取り外す工事

d．電鈴、インターホン、火災感知器、豆電球その他これらに類する施設に使用する小型変圧器（2次電圧が 36V 以下のものに限る）の2次側の配線工事

e．電線を支持する柱、腕木その他これらに類する工作物を設置し、または変更する工事

f．地中電線用の暗渠または管を設置し、または変更する工事

（2）軽微な作業

a．自家用電気工作物の場合

次に掲げる①～⑫以外の作業および⑬の作業

① 電線相互を接続する作業

② がいしに電線を取り付ける作業

③ 電線を直接造営材その他の物件（がいしを除く）に取り付ける作業

④ 電線管、線樋、ダクトその他これらに類する物に電線を収める作業

⑤ 配線器具を造営材その他の物件に固定し、またはこれに電線を接続する作業（露出型点滅器または露出型コンセントを取り換える作業を除く）

⑥ 線管を曲げ、もしくはねじ切りし、または電線管相互もしくは電線管とボックスその他の付属品とを接続する作業

⑦ ボックスを造営材その他の物件に取り付ける作業

⑧ 電線、電線管、線樋、ダクトその他これらに類する物が造営材を貫通する部分に防護装置を取り付ける作業

⑨ 金属製の電線管、線樋、ダクトその他これらに類する物またはこれらの付属品を、建造物のラス張りまたは金属板張りの部分に取り付ける作業

⑩ 配線盤を造営材に取り付ける作業

⑪ 接地線を自家用電気工作物に取り付け、接地線相互もしくは接地線と接地極とを接続し、または接地極を地面に埋設する作業

⑫ 電圧600Vを超えて使用する電気機器に電線を接続する作業

⑬ 電気工事士が従事する①～⑫の作業を補助する作業

b．一般用電気工作物の場合

次に掲げる①②以外の作業および③の作業

① 前項a．自家用電気工作物の①から⑩まで、および⑫に掲げる作業

② 接地線を一般用電気工作物に取り付け、接地線相互もしくは接地線と接地極とを接続し、または接地極を地面に埋設する作業

③ 電気工事士が従事する①および②の作業を補助する作業

11 災害事例

<table>
<tr><td colspan="2">建築</td><td colspan="7">屋上分電盤のそばで配管まわりの穴埋工事をする際、電源を切らずに作業をしたため感電死亡</td><td>電気設備工事</td></tr>
<tr><td rowspan="3">事故の分類</td><td>作業の種類</td><td>電気配管・配線工事</td><td>発生年月日（天気）</td><td colspan="3">1999/9/1
（天気：くもり）</td><td>事故の型</td><td>感電</td></tr>
<tr><td>災害の種類</td><td>その他漏電等による電気災害</td><td>職種</td><td>電工</td><td>年齢</td><td>57才</td><td>経験年数</td><td>40</td></tr>
<tr><td>起因物</td><td>電力設備</td><td>傷病名</td><td></td><td>休業日数</td><td>死亡</td><td>請負次数</td><td>2次</td></tr>
<tr><td colspan="2">発生状況</td><td colspan="8">工場倉庫新築工事において、建物はほぼ完成しており、当日は社内検査をしていた。電気関係の作業は２人が別々の箇所の補修（被災者は屋上、もう一人は１階）であった。被災者は屋上の室外機置場の、空調・室外機動力分電盤内の、底部床面の１次側幹線配管廻り隙間をパテで埋める作業をしていた。動力分電盤は二重扉になっており、被災者は充電部と盤フレームの間に頭部を入れた時、右側頭部に充電部（200V）が触れ、左側頬が盤フレーム部に触れていたため感電した。</td></tr>
<tr><td rowspan="3">要因</td><td>人的</td><td colspan="8">・メインブレーカーを切らずに充電部の近くで作業した。
・狭い場所での作業のため保護帽を着用していなかった。
・充電部の絶縁防護シートを使用していなかった。</td></tr>
<tr><td>物的</td><td colspan="8"></td></tr>
<tr><td>管理的</td><td colspan="8">・補修工事であったため不安全行動防止の指導が不足していた。</td></tr>
<tr><td colspan="2">対策</td><td colspan="8">・電気工事作業は電源を切り、通電していない状態を確認してから作業を行う。
・保護帽、感電防止シート等を使用する。
・作業前の作業方法・手順の打合せを確実に行い、軽微な作業であっても基本を守る。</td></tr>
</table>

<table>
<tr><td colspan="2">土木</td><td colspan="6">移動式クレーンのジブが送電線に接近し過ぎて感電死亡</td><td colspan="2">管布設工事</td></tr>
<tr><td rowspan="3">事故の分類</td><td>作業の種類</td><td>管布設工事</td><td>発生年月日(天気)</td><td colspan="3">1993/11/1
(天気:晴)</td><td>事故の型</td><td colspan="2">感電</td></tr>
<tr><td>災害の種類</td><td>架空線近接作業時</td><td>職種</td><td>軽作業員</td><td>年齢</td><td>59才</td><td>経験年数</td><td colspan="2">20年</td></tr>
<tr><td>起因物</td><td>送配電線等</td><td>傷病名</td><td></td><td>休業日数</td><td>死亡</td><td>請負次数</td><td colspan="2">2次</td></tr>
<tr><td colspan="2">発生状況</td><td colspan="8">下水道工事において、トラックで搬入してきたH鋼を、移動式クレーンで吊って左に旋回した時、近くの高圧送電線(66,000V)にジブが接近し過ぎたため、クレーンジブの先端に放電し、H鋼を押さえていた被災者が感電した。</td></tr>
<tr><td rowspan="3">要因</td><td>人的</td><td colspan="8">・クレーン運転者が旋回時にジブを送電線に近づけ過ぎた。</td></tr>
<tr><td>物的</td><td colspan="8"></td></tr>
<tr><td>管理的</td><td colspan="8">・合図者が指名されていなかった。</td></tr>
<tr><td colspan="2">対策</td><td colspan="8">・クレーン作業は合図者を指名する。
・送電線近くでのクレーン作業は、安全離隔距離を確認するよう指導する。</td></tr>
</table>

建築	天井内で転倒し、ダウンライトの充電部に接触し感電死亡						電気設備工事
事故の分類	作業の種類	電気配管・配線工事	発生年月日（天気）	1998/8/1（天気：晴）		事故の型	感電
	災害の種類	電気工事作業時	職種	電工	年齢 54才	経験年数	15年
	起因物	送配電線等	傷病名		休業日数 死亡	請負次数	3次
発生状況	照明の天井内配線作業を終了し、他の場所へ移動した被災者は、天井内に財布を落したのに気付き、投光器を持って再度天井内に入った。（推測）被災者は天井下地のチャンネル材の上に足を掛けたときチャンネル材が外れて仰向きに転倒し、脇の下にダウンライトの充電部が接触し感電した。						
要因	人的	・財布を探すことに気を取られ、室内の照明電源を停止することを忘れた。 ・照明器具の天井内の露出部に漏電する充電部があるとは思わなかった。					
	物的	・天井内歩行時に足場板等の作業床を確保していなかった（不安定な天井下地の上に乗った）。 ・ビル休館日で空調はなく、天井内は高温で着衣は汗で濡れた状態であった。					
	管理的	・天井内に入る時のルール作りをしていなかった。					
対策	・天井内に入る場合は、その区域の電源を停止する。 ・活線作業、活線近接作業のルールを徹底する（作業計画書の作成・確認・承認、関係者の立会い、有資格者による作業、防護・保護具の使用等）。 ・天井内の作業は天井下地に足場板等を乗せて足元を安定させる。						

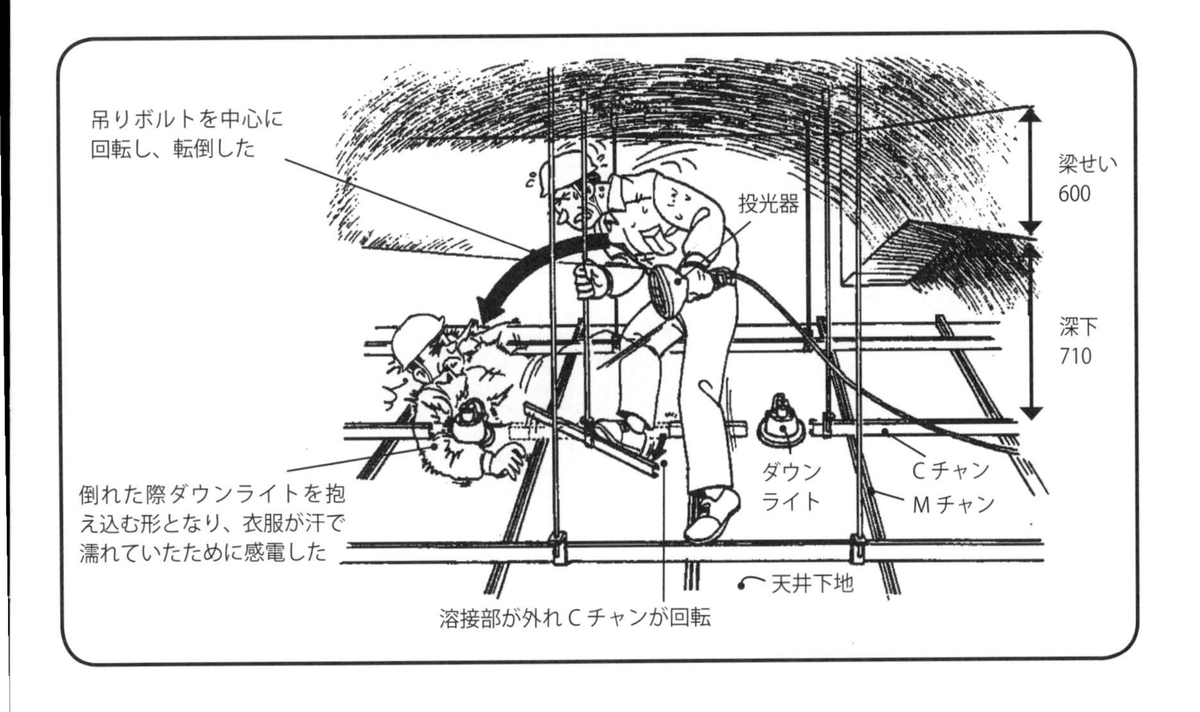

建築	既設電気室内で感電した同僚を助けるとき活線ヒューズに接触して死亡	電気設備工事

事故の分類	作業の種類	電気配管・配線工事	発生年月日（天気）	1998/11/1（天気：晴）			事故の型	感電
	災害の種類	電気工事作業時	職種	電工	年齢	54才	経験年数	25年
	起因物	電力設備	傷病名		休業日数	死亡	請負次数	3次

発生状況		既設電気室の幹線繋ぎ込み作業を行うため、作業指揮者と被災者と同僚の3名で作業を開始した。同僚の被災者が作業中、活線状態のヒューズ（6,600V）に接触して感電し、その瞬間工事用電源の停電のため暗くなり、約1分後仮設照明が再点灯した。作業指揮者と被災者が同僚の被災者が倒れているのを発見し、被災者が倒れた同僚を助けようとした時、活線状態のヒューズに同じく接触し感電した。
要因	人的	・作業指揮者が開放すべき高圧断路器と異なる断路器の開放で安全に作業ができると判断した。 ・作業指揮者と被災者は危険な箇所に高圧充電があることに気付かなかった。 ・作業指揮者と被災者は2次災害の危険を予知出来なかった。
	物的	・計器用変圧器（PT）に感電防止カバーがなかった。
	管理的	・知識・能力の未熟な者を作業指揮者（兼現場代理人）に選任した。 ・電気主任技術者との事前打合せが実施されていなかった。 ・元請担当責任者等関係者の現地確認が不十分であった。 ・作業計画の作成が不十分であった。
対策		・必要な知識・技能・経験を有する適切な作業指揮者を選任させる。 ・電気主任技術者との事前打合せを確実に実施する。 ・担当者は現地の事前調査と確認を行い、安全作業計画を含む施工計画書を作成する。責任者は施工計画書を確認し、承認を行う。 ・作業実施時は担当者が立会う。 ・感電災害に伴う2次災害の防止措置を周知する。

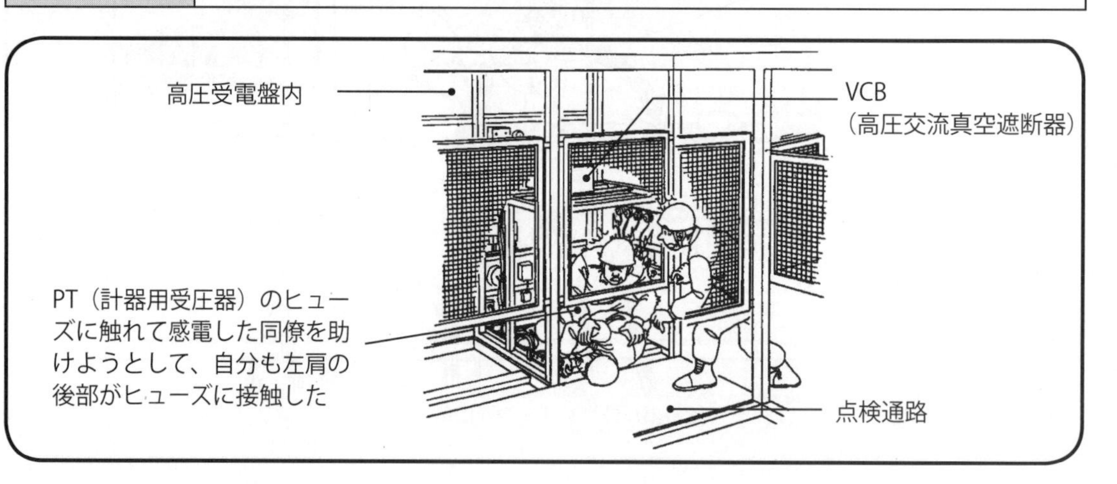

<table>
<tr><td>土木</td><td colspan="6">型枠セパレーターを山留材に溶接中に感電</td><td>型枠工事</td></tr>
<tr><td rowspan="3">事故の分類</td><td>作業の種類</td><td>型枠の組立</td><td>発生年月日（天気）</td><td colspan="3">2004/7/1　14：30
（天気：晴）</td><td>事故の型</td><td>感電</td></tr>
<tr><td>災害の種類</td><td>その他漏電等による電気災害</td><td>職種</td><td>鍛冶工</td><td>年齢</td><td>60才</td><td>経験年数</td><td>27年</td></tr>
<tr><td>起因物</td><td>アーク溶接装置</td><td>傷病名</td><td></td><td>休業日数</td><td>死亡</td><td>請負次数</td><td>1次</td></tr>
<tr><td colspan="2">発生状況</td><td colspan="7">スラブ上において梁型枠のセパレーターを山留H鋼材に溶接している際に感電した。</td></tr>
<tr><td rowspan="3">要因</td><td>人的</td><td colspan="7">・絶縁用保護具を使用しなかった。</td></tr>
<tr><td>物的</td><td colspan="7">・真夏の暑い時間帯のため、作業服が汗で濡れていた。</td></tr>
<tr><td>管理的</td><td colspan="7">・感電に対しての予防の指示が不足していた。</td></tr>
<tr><td colspan="2">対策</td><td colspan="7">・作業員、補助作業員とも身体が濡れた状態での溶接作業はしない。
・絶縁用保護具の使用を確認する。
・感電予防の安全対策を周知徹底する。
・作業中断時、移動時にはホルダーから溶接棒を必ず抜き取る。
・作業前に電撃防止装置の作動を確認する。</td></tr>
</table>

<table>
<tr><th colspan="2">土木</th><th colspan="6">水中ポンプ吸込口のゴミを取ろうとして感電死亡</th><th>河川工事</th></tr>
<tr><td rowspan="3">事故の分類</td><td>作業の種類</td><td>河川・護岸工事</td><td>発生年月日（天気）</td><td colspan="3">1993/5/25
（天気：晴）</td><td>事故の型</td><td>感電</td></tr>
<tr><td>災害の種類</td><td>その他漏電等による電気災害</td><td>職種</td><td>土工</td><td>年齢</td><td>40才</td><td>経験年数</td><td>10年</td></tr>
<tr><td>起因物</td><td>その他一般動力機械</td><td>傷病名</td><td></td><td>休業日数</td><td>死亡</td><td>請負次数</td><td>2次</td></tr>
<tr><td colspan="2">発生状況</td><td colspan="7">河川改修工事で、排水用水中ポンプの吸込口に付着したゴミを取り除くため、安全靴で水中に入り、素手で水中ポンプ（10年程使用）に触れて感電した。</td></tr>
<tr><td rowspan="3">要因</td><td>人的</td><td colspan="7">・水中ポンプ電源を切らなかった。</td></tr>
<tr><td>物的</td><td colspan="7">・漏電しゃ断器が故障していた。</td></tr>
<tr><td>管理的</td><td colspan="7">・漏電しゃ断器の定期点検をしていなかった。</td></tr>
<tr><td colspan="2">対策</td><td colspan="7">・配電盤の安全装置を点検、補修する。
・電源を切ってから水中ポンプの清掃等を行うよう指導する。</td></tr>
</table>

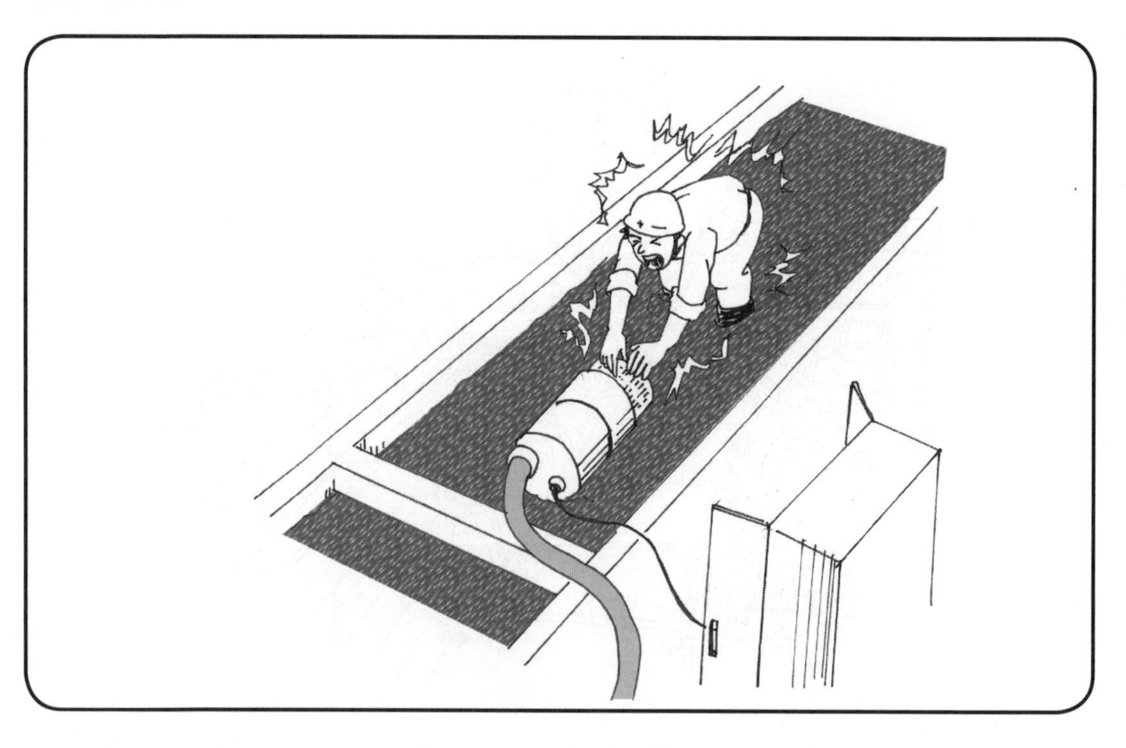

<table>
<tr><td colspan="2">建築</td><td colspan="7">分電盤移設作業中に感電</td><td>電気設備工事</td></tr>
<tr><td rowspan="3">事故の分類</td><td>作業の種類</td><td>電気器具設置</td><td>発生年月日（天気）</td><td colspan="4">2006/7/1　16:20
（天気：晴）</td><td>事故の型</td><td>感電</td></tr>
<tr><td>災害の種類</td><td>電気工事作業時</td><td>職種</td><td>電工</td><td>年齢</td><td colspan="2">37 才</td><td>経験年数</td><td>18 年</td></tr>
<tr><td>起因物</td><td>送配電線等</td><td>傷病名</td><td></td><td>休業日数</td><td colspan="2">死亡</td><td>請負次数</td><td>2 次</td></tr>
<tr><td colspan="2">発生状況</td><td colspan="8">被災者は既設動力盤と分電盤を廊下に移設するために、動力盤ケーブルを切り離して天井に引き上げる作業を開始したところ、天井裏の被災者が突然痛みを訴える声を上げたため、ケーブル送りの作業をしていた共同作業者が点検口に上り確認すると被災者が倒れていた。</td></tr>
<tr><td rowspan="3">要因</td><td>人的</td><td colspan="8">・活線作業用の保護具を着装していなかった。</td></tr>
<tr><td>物的</td><td colspan="8">・ケーブル端部にテーピングを行わなかった。</td></tr>
<tr><td>管理的</td><td colspan="8">・工事が稼働中で全停電できなかった。
・事前調査が不十分で盤間の渡り線の活線を認識できていなかった。
・全ての電線を検電しなかった。</td></tr>
<tr><td colspan="2">対策</td><td colspan="8">・ケーブル端部をテーピング処理する。
・全停電で作業することを計画・調整する。
・事前調査で活線部分を確認しておく。
・作業開始前に全ての電線を検電する。</td></tr>
</table>

<table>
<tr><th colspan="2">建築</th><th colspan="6">解体作業中既存電気室の高圧電線に触れ、感電し負傷</th><th>解体工事</th></tr>
<tr><td rowspan="3">事故の分類</td><td>作業の種類</td><td>仕上げ材の解体</td><td>発生年月日（天気）</td><td colspan="3">1989/5/18　8:50</td><td>事故の型</td><td>感電</td></tr>
<tr><td>災害の種類</td><td>架空線近接作業時</td><td>職種</td><td>鳶工</td><td>年齢</td><td>24才</td><td>経験年数</td><td>8年</td></tr>
<tr><td>起因物</td><td>送配電線等</td><td>傷病名</td><td>電撃火傷</td><td>休業日数</td><td>休業20日</td><td>請負次数</td><td>3次</td></tr>
<tr><td colspan="2">発生状況</td><td colspan="7">吹付石綿除去用の仮設間仕切を解体するため、間仕切りの裏側（高圧受電設備側）にまわり配電盤の鉄柵天端に足を掛け解体中、足が高圧裸電線（660V）に異常接近し感電した。</td></tr>
<tr><td rowspan="3">要因</td><td>人的</td><td colspan="7">・作業手順を無視し高圧裸電線に異常接近した。</td></tr>
<tr><td>物的</td><td colspan="7">・裸電線（660V）の絶縁防護がなされていない。</td></tr>
<tr><td>管理的</td><td colspan="7">・裏側の裸電線を危険と認識し指導できなかった。</td></tr>
<tr><td colspan="2">対策</td><td colspan="7">・作業指揮者を選任し、監視体勢を整える。
・絶縁防護を行う。
・雑小工事（改修）に対する安全施工の管理体制を整える。
・職員の電気に関する知識の向上に努める。</td></tr>
</table>

建設業における
電気・電動器具がわかる基礎知識 改訂第3版

2010年2月 2日 初版
2018年3月26日 第3版
2020年5月18日 第3版第2刷

編 集 仙台建設労務管理研究会

発行所 株式会社労働新聞社
〒173-0022 東京都板橋区仲町 29-9
TEL：03-3956-3151 FAX：03-3956-1611
https://www.rodo.co.jp/
pub@rodo.co.jp

印刷・製本 株式会社ビーワイエス

ISBN978-4-89761-694-0